EMMANUEL KIZUNGU MULANGANE

infertilidade do solo e sua gestão

EMMANUEL KIZUNGU MULANGANE

infertilidade do solo e sua gestão

na produção agrícola do grupo Kagabi: o caso da aldeia de Mbiza

ScienciaScripts

Imprint
Any brand names and product names mentioned in this book are subject to trademark, brand or patent protection and are trademarks or registered trademarks of their respective holders. The use of brand names, product names, common names, trade names, product descriptions etc. even without a particular marking in this work is in no way to be construed to mean that such names may be regarded as unrestricted in respect of trademark and brand protection legislation and could thus be used by anyone.

Cover image: www.ingimage.com

This book is a translation from the original published under ISBN 978-620-6-72420-9.

Publisher:
Sciencia Scripts
is a trademark of
Dodo Books Indian Ocean Ltd. and OmniScriptum S.R.L publishing group

120 High Road, East Finchley, London, N2 9ED, United Kingdom
Str. Armeneasca 28/1, office 1, Chisinau MD-2012, Republic of Moldova, Europe
Printed at: see last page
ISBN: 978-620-8-33024-8

Conteúdo

RESUMO

Nesta investigação sobre : "O problema da fertilidade do solo e a sua gestão na produção agrícola no grupo Kagabi, especificamente na aldeia de Mbiza". Este trabalho levantou o problema da infertilidade do solo em MBIZA, que se deve a vários factores, entre os quais a utilização de técnicas tradicionais de fertilidade do solo (monocultura, cultivo em declive, utilização de insumos não melhorados, etc.), a falta de sementes melhoradas e a falta de terras aráveis.Assim sendo, o problema da infertilidade dos solos no MBIZA tem um impacto negativo na vida socioeconómica e ambiental. Estes impactos negativos reflectem-se na diminuição da produção agrícola, no aumento da pobreza e da insegurança alimentar, no baixo rendimento dos camponeses e na degradação do ambiente.

Para ultrapassar estes impactos negativos e aumentar a produção agrícola na zona, foram propostas as seguintes estratégias: criação de um serviço de extensão para as novas variedades melhoradas; introdução de uma política agrícola eficaz; sensibilização dos agricultores para a ISFM; prestação de apoio técnico e económico aos agricultores através da concessão de financiamentos e subsídios à agricultura.

Palavras chave: Infertilidade, gestão, produção, agricultura e solo.

INTRODUÇÃO GERAL

1. CONTEXTO, PROBLEMA E JUSTIFICAÇÃO DO TEMA

Vários investigadores debruçaram-se sobre a questão dos problemas de fertilidade dos solos. No seu livro, COOKE (2008) mostra que a insegurança alimentar atinge África com muito mais força do que outras regiões em desenvolvimento. A principal conclusão da sua investigação é que a maioria da população total vive abaixo do limiar de 1 dólar por dia, 46% da qual desde as décadas de 1980 e 1990. Como forma de sair da pobreza e da subnutrição, propõe a introdução de uma política agrícola para modernizar a agricultura e a implementação de uma política de boa gestão dos recursos naturais.

De acordo com a FAO (2015), a degradação do solo é uma ameaça real e crescente causada pela utilização insustentável da terra e por fenómenos meteorológicos extremos, que são o resultado de vários factores sociais, económicos e de governação. A atual taxa de degradação dos solos ameaça a capacidade das gerações futuras de satisfazerem as suas necessidades, a menos que esta tendência seja invertida através de esforços concertados para alcançar uma gestão sustentável dos solos. A ameaça ao solo compromete a sustentabilidade da agricultura, a segurança alimentar e a prestação de serviços ecossistémicos.

A FAO recomenda que a terra e o solo constituam a base do desenvolvimento agrícola sustentável e que as funções ecossistémicas essenciais da segurança alimentar sejam incluídas nas abordagens de desenvolvimento sustentável das nações.

Os solos agrícolas do mundo ajudam a alimentar um número crescente de pessoas através dos produtos que produzem. O interesse pelas plantas precedeu o interesse pelo solo. Certas técnicas de produção, como a fertilização, foram introduzidas sem qualquer conhecimento da dinâmica do solo (VILAIN, 2000).

A degradação do solo é geralmente um fenómeno complexo, envolvendo vários elementos que contribuem para a perda do potencial agrícola: erosão e remoção do solo pela água ou pelo vento, e perda de fertilidade resultante de alterações químicas, físicas e biológicas (FAO, 2004).

O aumento da segurança alimentar e da sustentabilidade ambiental nos sistemas agrícolas exige uma abordagem integrada da gestão da fertilidade do solo que maximize a produção vegetal e, ao mesmo tempo, minimize o esgotamento das reservas de nutrientes e a degradação das propriedades físicas e químicas do solo que podem levar à degradação das terras, incluindo a erosão do solo. Tais práticas de gestão da fertilidade do solo incluem a utilização de fertilizantes, insumos orgânicos, rotação de culturas e germoplasma melhorado, combinados com o conhecimento necessário para adotar estas práticas às condições locais (IAEA, 2013).

No entanto, em muitas partes do mundo, nomeadamente nas regiões tropicais, os problemas de gestão e fertilidade dos solos são graves. As práticas de artificialização das terras, a urbanização descontrolada e inadequada, as técnicas agrícolas deficientes, etc., estão a contribuir para uma degradação acelerada dos solos, com consequências negativas para a segurança alimentar e o ambiente físico (FAO, 2015).

A África não está imune a estes problemas de gestão da fertilidade do solo. Os solos africanos estão ameaçados, com 40% deles a sofrer de degradação, principalmente devido à erosão do solo, ao esgotamento dos nutrientes do solo e à perda de matéria orgânica do solo (BRABANT, 2000).

A degradação dos solos é um problema grave em África. Segundo consta, mais de dois terços da área de produção são afectados pela degradação dos solos. Os custos económicos da má gestão das terras, causados pela perda de solos e pela queda significativa dos níveis de nutrientes e da produtividade, estão estimados em 9 mil milhões de dólares por ano. Mais de 3% da CFM agrícola é perdida todos os anos como consequência direta da perda de solos e de nutrientes. As comunidades são as que mais sofrem com os efeitos da insegurança alimentar e energética e com a falta de investimento em infra-estruturas sociais básicas (CGIAS, 2015).

Na República Democrática do Congo, os problemas de gestão da fertilidade dos solos manifestam-se de várias formas: destruição da estrutura dos solos, diminuição dos níveis de matéria orgânica, lixiviação dos solos, acidificação dos solos, etc. Os contratos revelam igualmente que os solos de boa produtividade representam apenas cerca de 8% da superfície arável total. A maior parte das terras, 90% das quais cobrem cerca de 42 000 km2 , tem uma fertilidade média ou fraca (IITA, 2015). A maior parte dos solos com produtividade medíocre e média tem ainda caraterísticas físicas que permitem a sua recuperação se forem atualmente postas em prática boas técnicas de conservação e gestão da fertilidade dos solos.

A análise da degradação das terras agrícolas e do seu impacto na produção agrícola na cidade de Kiliba, no território de Uvira, mostrou que os rendimentos agrícolas em Kiliba continuam a ser baixos por enquanto, o que se explica pelo facto de 100% das amostras afirmarem que a sua produção se tornou baixa devido à infertilidade do solo; o que se explica pelo facto de 70% dos inquéritos afirmarem que o solo é menos fértil devido às más técnicas de cultivo em Kiliba. Depois de constatar os problemas em Kiliba, o autor sugeriu uma série de possíveis soluções que permitiriam aos agricultores aumentar a produção agrícola, utilizando novas técnicas de cultivo e modernizando a agricultura como estratégias a serem implementadas para aumentar a produção agrícola (KIFUVWE MAKI, 2013).

Na sua investigação sobre a degradação do solo e o seu impacto na produção agrícola em Lubero, GATUMBA J. (2015) mostrou que o desconhecimento das técnicas de conservação do solo é um dos factores que impedem a população da sua área de estudo de aumentar a produção agrícola. Ela mostrou que a erosão e as más técnicas de cultivo degradam o solo, as colheitas tornam-se escassas e a alimentação torna-se insuficiente; todos estes problemas afectam aspectos da inadequação das terras cultivadas. Por esta razão, a melhoria de novas técnicas de cultivo seria uma estratégia para revitalizar a agricultura em Lubero.

Ainda no âmbito da gestão da fertilidade dos solos, foi demonstrado que a melhoria do período de pousio, através da introdução de leguminosas semeadas em associação sob a última cultura após a monda, facilitará a reconstituição dos elementos fertilizantes, enquanto que o repouso das parcelas e a sua utilização para o pastoreio de pequenos ruminantes permitirá aproveitar o estrume deixado pelos animais. Completa as suas ideias propondo uma melhoria dos métodos de criação dos pequenos animais, que consistirá em deslocar racionalmente as parcelas para evitar a sobre-exploração dos mesmos sectores. Para o gado de grande porte, é necessário instituir um sistema semi-estável com uma transumância curta durante a estação seca em todo o território pastoril, e é proposta a construção de depósitos de compostagem. O autor salienta que, nas zonas habitadas, esta prática poderia ser generalizada, começando pelos buracos de onde se extrai a terra para os tijolos, a polpa e as varas do café, as borras da cervejaria, os resíduos da pecuária sem solo, os caules das bananeiras serão amontoados e decompor-se-ão lentamente à sombra das árvores na proximidade dos habitantes; Os resíduos de humificação lenta serão deixados no local, enquanto parte da generalização da horticultura de mercado, a solução final que encontrou é unicamente a criação de bancos de adubos nos bairros de relé entre as associações de agricultores e as cooperativas agrícolas. Estas últimas são uma necessidade fundamental para qualquer projeto sustentável (FOTSING, 2002).

A mobilização do solo abrange todas as actividades culturais que criam ou mantêm um estado estrutural do solo favorável ao desenvolvimento das plantas, facilitando a germinação, o crescimento e o estabelecimento das raízes. Permite igualmente enterrar os resíduos de colheita, os corretivos do solo, os adubos minerais e orgânicos e a destruição da vegetação nociva. Estes meios de ação à disposição da agricultura são completados pela influência dos agentes atmosféricos, dos seus efeitos e do resultado da alternância de geadas e degelos, humedecimento e secagem (DETRAUX F. e OESTGES, 2000).

No nosso estudo, realizado no Sul do Kivu, no território KABARE, no agrupamento KAGABI, mais precisamente na aldeia MBIZA, foi revelado que, desde há várias décadas, a agricultura em todos os territórios do Sul do Kivu se vê confrontada com vários problemas, entre os quais a queda da produção agrícola, o aparecimento de novas doenças que provocam o desaparecimento de certas culturas-chave, o problema da insuficiência de terras aráveis e a infertilidade dos solos.

No agrupamento Kagabi, objeto do nosso estudo, o pousio, meio natural de recuperação da fertilidade dos solos, tornou-se quase inexistente. A fertilidade do solo está a esgotar-se ano após ano e os recursos mobilizados para fazer face ao problema são mínimos em relação à gravidade do mesmo.

De acordo com as observações feitas sobre a gestão dos solos no agrupamento de Kagabi, esta não é eficaz e justifica-se pelo facto de a produção agrícola ser ainda baixa, apesar de os agricultores utilizarem aqui certos fertilizantes orgânicos. Este baixo nível de produção do solo em MBIZA é um problema importante, uma vez que a utilização de fertilizantes orgânicos tem um impacto negativo porque a produção continua a ser baixa.

Perante esta triste situação, gostaríamos de colocar as seguintes questões:.

> Quais são os factores que contribuem para a infertilidade do solo na aldeia de MBIZA?

> Quais são os impactos da infertilidade do solo na vida socioeconómica e ambiental da aldeia de MBIZA?

> Que estratégias devem ser postas em prática para uma boa gestão da fertilidade do solo e um aumento da produção agrícola na aldeia de MBIZA?

2 .HIPÓTESES DE TRABALHO

Com base nas questões acima colocadas, damos as seguintes respostas provisórias:

Os factores que contribuem para a infertilidade do solo na aldeia MBIZA podem ser observados na agricultura tradicional.

Diz-se que a infertilidade do solo tem um impacto negativo na vida socioeconómica dos agricultores da aldeia de MBIZA.

> A gestão racional da fertilidade do solo para aumentar a produção agrícola na aldeia de MBIZA exigiria a introdução de estratégias de sensibilização para a necessidade de aderir ao calendário agrícola e de fornecer apoio técnico e económico aos agricultores.

3 . OBJECTIVOS DO TRABALHO

OBJECTIVO GLOBAL

O objetivo deste trabalho é analisar os problemas de infertilidade dos solos no grupo Kagabi, mais concretamente na aldeia MBIZA, e a forma como são geridos na produção agrícola.

OBJECTIVOS ESPECÍFICOS

> Identificar os factores de infertilidade do solo observados na aldeia MBIZA,
> Determinar o impacto na vida socioeconómica da população da aldeia de MBIZA.
> Identificar estratégias para uma boa gestão da fertilidade do solo e para o aumento da produção agrícola na aldeia.

Objeto de análise

O nosso objetivo seria analisar os métodos de gestão da fertilidade do solo e a produtividade (técnicas de cultivo, fertilizantes utilizados, conhecimentos dos agricultores sobre a gestão do solo, etc.) na aldeia de MBIZA.

4 .DELIMITAÇÃO ESPAÇO-TEMPORAL

Estamos a delimitar esta investigação no espaço e no tempo para uma maior precisão.

❖ **Espacialmente**: procuramos analisar os problemas de infertilidade dos solos e a sua gestão na produção agrícola no grupo Kagabi e particularmente na aldeia MBIZA.

❖ **No tempo**: a nossa investigação abrange o período de 6 meses entre o início de março de 2024 e o início de setembro de 2024. Este período corresponde às nossas análises das questões abordadas na Aldeia MBIZA.

5 .ESCOLHA E INTERESSE DO TEMA

A escolha deste tema é conhecer a realidade no terreno, observando a textura do solo e o modo de gestão do solo pelos agricultores, a fim de determinar as causas da infertilidade do solo na aldeia MBIZA e o seu impacto na vida socioeconómica.

- De um ponto de vista científico, ter os dados disponíveis para que outras pessoas que se aproximem desta área de investigação possam encontrar a documentação e outras informações necessárias para orientar a sua investigação.
- A nível pessoal, este trabalho é uma gestão das teorias aprendidas no auditório e das práticas realizadas no terreno, bem como a aquisição de um maior conhecimento do ambiente em relação à gestão do solo.
- A nível social, este trabalho é um apelo a toda a população urbana e envolvente, em particular a da aldeia de MBIZA, para que implementem as várias soluções propostas neste trabalho com vista a acabar com os fenómenos de infertilidade do solo na aldeia de MBIZA e outros indicadores ambientais.

6 . DIFICULDADES ENCONTRADAS

Escrever uma memória é uma atividade humana que exige coragem e inúmeros sacrifícios. Assim sendo, ao longo do nosso trabalho científico, deparámo-nos com uma série de constrangimentos, nomeadamente :

- A falta de acesso às obras que deveriam melhorar a redação deste trabalho deve-se ao impasse a que chegaram alguns bibliotecários das instituições e universidades de Buka vienne.
- Os recursos financeiros foram um grande desafio para nós ao longo das nossas investigações.
- Falta de recursos materiais adequados, como por exemplo a acessibilidade da estrada na aldeia de MBIZA devido à falta de estacas rolantes para a realização desta obra.

7 .RESUMO SUBDIVISÃO DAS OBRAS

Para além da introdução e da conclusão geral, este trabalho está dividido em três capítulos:
O primeiro capítulo trata do Enquadramento Teórico, Conceptual e Metodológico do trabalho.
O segundo capítulo trata do ambiente de estudo e dos aspectos teóricos do trabalho.
O terceiro capítulo trata da apresentação, análise, interpretação e discussão dos resultados.

CAPÍTULO I

REVISÃO DA LITERATURA

I.1. QUADRO CONCEPTUAL

É importante clarificar os conceitos-chave do estudo para que possam ser compreendidos pelos nossos leitores, consoante o contexto em que são utilizados e as estratégias adaptadas.

1. O chão

O solo é uma componente essencial do ambiente: "é uma zona crítica em contacto com a atmosfera, no interior da qual ocorrem interações com a água, o ar e os organismos vivos" (TESSIER et al. 2002).

O solo presta serviços ecológicos essenciais. O primeiro serviço que presta à humanidade é a produção agrícola primária, quer para fins alimentares (destinados a seres humanos ou animais) quer para fins não alimentares (agrocombustíveis, produção de fibras para têxteis). O solo presta igualmente serviços ambientais relacionados com o ar, a água e a biodiversidade. Acima de tudo, é um ambiente vivo que alberga um grande número de organismos que têm um impacto direto na fertilidade do solo em relação ao ar.

2. Fertilidade do solo

A fertilidade do solo é um conceito muito importante na agricultura e na agronomia, designando a capacidade de um solo produzir nas actuais condições de crescimento. É um dos componentes da qualidade do solo (FAO, 2015).

A fertilidade do solo refere-se à capacidade do solo para apoiar o crescimento das plantas e otimizar o rendimento das culturas. Pode ser melhorada através da aplicação de fertilizantes orgânicos e inorgânicos no solo. As técnicas nucleares fornecem dados que podem ser utilizados para melhorar a fertilidade do solo e a produção agrícola, minimizando as consequências ambientais (FA0, 2006).

De acordo com SEBILLOTTE (2010), a fertilidade do solo é a sua capacidade de satisfazer as exigências físicas, químicas e biológicas necessárias ao crescimento, à produtividade, à reprodução e à qualidade das plantas (consideradas em termos de bem-estar humano e animal, no caso das plantas utilizadas como alimento ou forragem), de forma adaptada ao tipo de planta, ao tipo de solo, ao uso da terra e às condições climáticas.

3. Infertilidade do solo

De um modo geral, a infertilidade do solo refere-se à perda da sua capacidade de amortecimento, ou seja, à sua incapacidade de produzir o rendimento máximo exigido em condições normais. A infertilidade do solo pode ocorrer como resultado de uma lavoura excessiva, que danifica a estrutura do solo. De acordo com os peritos, a acumulação de sal no solo, frequentemente associada à irrigação, pode secar a fertilidade e limitar o rendimento das culturas (FAO, 2015).

4. Produção agrícola

Por produção agrícola entende-se o conjunto das actividades desenvolvidas pelo homem com o objetivo de transformar o seu meio natural para produzir plantas e animais que lhe sejam úteis, nomeadamente as que visam obter do solo o maior número possível de produtos necessários e indispensáveis à alimentação humana e vegetal.

I .2 .ENQUADRAMENTO TEÓRICO

A. Teoria da gestão integrada da fertilidade do solo (ISFM)

A ISFM refere-se ao conjunto de práticas agrícolas adaptadas às condições locais para maximizar a eficiência do uso de nutrientes e água e melhorar a produtividade agrícola. A abordagem inclui todos os recursos disponíveis no programa de gestão integrada da fertilidade do solo: fertilizantes, condicionadores de solo disponíveis localmente, matéria orgânica, como resíduos de culturas, composto, adubo verde e consorciação (IFDC, 2015).

A abordagem GIFS baseia-se nos seguintes princípios fundamentais

> Nem as práticas baseadas apenas em fertilizantes minerais nem as baseadas apenas na gestão da matéria orgânica são suficientes para garantir uma produção agrícola sustentável;

> É necessário um material genético perfeitamente adaptado, resistente a doenças e pragas, para utilizar eficazmente os nutrientes disponíveis.

> As boas práticas agronómicas em termos de datas de plantação, densidade de plantação e controlo das ervas daninhas são essenciais para garantir uma utilização eficiente dos escassos recursos de nutrientes.

Para além destes princípios, a gestão integrada da fertilidade do solo reconhece a necessidade de orientar os recursos nutricionais para os ciclos de rotação de culturas, de preferência integrando leguminosas, ultrapassando assim as recomendações a favor de culturas puras. A adoção bem sucedida da ISFM melhora significativamente a produtividade. Além disso, existe um efeito sinérgico positivo entre os factores de produção orgânicos e inorgânicos. A ISFM recomenda escolhas estratégicas relativamente ao momento e à colocação da administração de fertilizantes utilizando fertilizantes azotados inorgânicos, muitas vezes a taxas significativamente mais baixas do que as recomendações baseadas apenas na utilização de fertilizantes inorgânicos. (SANGINGA et al. 2009).

Com base nesta teoria ISFM, este trabalho foi concebido para contornar quaisquer problemas associados à má gestão dos solos agrícolas atualmente prevalecentes na Aldeia MBIZA, tais como a sobre-exploração do solo e a preponderância das actividades humanas (mineração, sobrepopulação, etc.), que causam infertilidade no solo. Isto encorajaria os agricultores a respeitar os princípios da GIZ para aumentar a produção agrícola nas suas áreas e melhorar as suas condições socioeconómicas.

B. Descrição das estratégias

ESTRATÉGIA 1: ENVOLVER AS AUTORIDADES

Esta estratégia permitirá reduzir a sobre-exploração dos solos e, sobretudo, reforçar o processo de conservação dos solos através da sua recuperação em toda a zona de KABARE, nomeadamente na aldeia de MBIZA, o que permitirá melhorar as condições agro-ecológicas da zona, o que contribuirá para melhorar os rendimentos agrícolas.

ESTRATÉGIA 2: SENSIBILIZAÇÃO PARA A PROBLEMÁTICA DOS GIFS

Esta estratégia permitirá que a comunidade da aldeia assuma a responsabilidade pelas acções humanas prejudiciais ao solo, a fim de alterar a forma como gere o solo e garantir a segurança alimentar no seu ambiente. Os serviços competentes serão mobilizados para formar os agricultores-piloto nos princípios-chave da gestão integrada da fertilidade do solo. Após a formação, a população receberá os instrumentos necessários para poder utilizar melhor os solos agrícolas da sua zona.

ESTRATÉGIA 3: CRIAÇÃO DE UM SERVIÇO DE EXTENSÃO PARA NOVAS TÉCNICAS DE CULTIVO

O papel destes serviços será o de sensibilizar o público para a importância da gestão racional e da conservação dos solos agrícolas. Estes serviços terão também a tarefa de popularizar novas técnicas de cultivo para aumentar os rendimentos agrícolas.

ESTRATÉGIA 4: INTRODUÇÃO DE UMA MELHOR POLÍTICA AGRÍCOLA

Isto permitirá modernizar a agricultura e gerir corretamente os recursos naturais. Cabe ao governo congolês introduzir esta política, uma vez que a agricultura é um dos sectores prioritários de desenvolvimento que ajudará a garantir o abastecimento alimentar do país. Uma vez que a agricultura está na base da RDC em geral e do MBIZA em particular, é importante considerar uma melhor política agrícola que aumente os rendimentos agrícolas na zona.

ESTRATÉGIA 5: FACILITAR O ACESSO DOS AGRICULTORES AO FINANCIAMENTO AGRÍCOLA

Parece que muitos agricultores das zonas rurais do Congo têm dificuldade em desenvolver as suas actividades agrícolas por não terem acesso ao crédito agrícola. Assim sendo, esta estratégia afigura-se indispensável, na medida em que permitirá aos agricultores da zona de KABARE beneficiar de financiamentos das ONG para relançar a atividade agrícola e melhorar as suas condições socioeconómicas.

C. Papéis dos actores e suas interações

1. O Estado

O papel do Estado consiste em reformar o sector agrícola e proteger os recursos naturais. O Estado deve instaurar uma política que permita o bom funcionamento dos outros intervenientes, como o incentivo e o apoio às actividades das ONG que trabalham no sector agrícola, a fim de relançar a atividade agrícola. Deve mobilizar todos os serviços para que trabalhem em sinergia para assegurar uma boa gestão da fertilidade dos solos agrícolas, a fim de aumentar a produção agrícola.

2. A população

Será chamada a aplicar as técnicas de cultivo que lhe serão postas à disposição pelos serviços competentes. Devem ter um comportamento responsável em relação ao solo e às actividades humanas que causam a sua degradação.

A população, enquanto beneficiária direta, será envolvida em todas as fases da aplicação da estratégia, devendo prosseguir as acções de base na luta contra a infertilidade do solo no seu meio, através de instrumentos de formação e de informação sobre a gestão dos recursos naturais. Isto só será possível se a população esquecer a má mentalidade de praticar más técnicas de cultivo e utilizar as melhores.

3. Os peritos

A equipa de formadores deve certificar-se de que os agentes dos serviços agrícolas e ambientais compreenderam bem os conselhos e que abordaram todos os pontos adequados para a reconstituição do solo em todas as aldeias.

Os investidores privados (ONG, associações) que trabalham nestas zonas devem apoiar financeiramente os serviços da agricultura e do ambiente e efetuar um acompanhamento e uma avaliação regulares para verificar a evolução dos trabalhos de recuperação dos solos pela população local e a aplicação das técnicas agrícolas divulgadas.

4. Serviços de extensão para novas técnicas de cultivo

Estes serviços devem esforçar-se por difundir novas técnicas agrícolas para melhorar os rendimentos agrícolas, que são atualmente baixos devido aos numerosos factores, descritos nas páginas precedentes, observados no grupo KAGABI em geral e na aldeia MBIZA em particular. Estes serviços devem assegurar-se de que dispõem dos instrumentos necessários para a recuperação dos solos agrícolas e dos meios necessários para reconstituir os solos e popularizar as técnicas de cultivo na zona.

D. Viabilidade das estratégias

A viabilidade das nossas estratégias depende da participação e do apoio efetivo de todos os intervenientes no processo de planeamento. Por conseguinte, a população deve ter acesso à informação, às normas e às técnicas de cultivo que os serviços poderão pôr em prática para fertilizar o solo. Isto permitiria combater os problemas resultantes da infertilidade dos solos da zona.

Por conseguinte, consideramos que a nossa estratégia é viável, uma vez que contribuirá para continuar a combater a infertilidade dos solos no grupo KAGABI e, em especial, no MBIZA.

E. Actividades

Para lutar contra a infertilidade dos solos na nossa área de estudo, vamos realizar um certo número de actividades para mobilizar a população para este problema ambiental, que tem um impacto negativo na vida socioeconómica dos agricultores.

Dado que o sucesso da nossa estratégia para promover a boa gestão da fertilidade do solo e aumentar a produção agrícola exige o apoio de todas as partes interessadas, eis as principais actividades a realizar:

- Sensibilizar a opinião pública para a importância das boas técnicas agrícolas na vida quotidiana dos agricultores, a fim de os ajudar a alcançar o autodomínio;
- Formar facilitadores locais em ISFM;
- Recuperação de solos agrícolas empobrecidos em nutrientes;
- Sensibilização para a gestão ambiental ;
- Formação de facilitadores locais no processo de gestão do solo
- Intensificar a agroflorestação nos campos.

F. Objectivos estratégicos

Para que os objectivos, sendo considerados como um todo, sejam alcançados. Estes são necessários na medida em que a melhoria das condições agrícolas e socioeconómicas do solo dos agricultores das diferentes aldeias, contribuindo assim para o desenvolvimento do país, será um trunfo na luta contra a degradação do solo. Aumentar a disponibilidade de adubos e de sementes melhoradas nas aldeias; divulgar novas técnicas de cultivo, a fim de criar compostores nas aldeias para estimular o interesse e a implantação das partes interessadas; **intensificar** a educação ambiental e agrícola nas aldeias.

G. Indicadores estratégicos

Os indicadores da estratégia de utilização responsável dos solos são os seguintes

- A pressão antropogénica sobre os solos agrícolas está a diminuir em 90%;
- 80% das boas técnicas de cultivo popularizadas;
- Infertilidade do solo 85% sob controlo
- Reabilitação dos pavimentos a 75%;
- As condições socioeconómicas dos agricultores melhoraram de 30 a 75%.

ASPECTO TEÓRICO DO TRABALHO

b. Os princípios da conservação da natureza para combater a infertilidade do solo.

Wiegleb (2002) define onze princípios orientadores da conservação da natureza:

- Prevenção do envenenamento do ambiente: prevenção das emissões tóxicas. Controlo das quantidades de substâncias tóxicas libertadas no ambiente.
- Proteção dos processos ecológicos: garantir os processos e fenómenos naturais (evolução,

sucessão, formação dos solos).
- Conservação da natureza: conservação dos elementos originais da paisagem, ou seja, dos elementos intactos da natureza.
- Minimizar a intensidade da utilização dos solos, minimizando as perturbações e as influências antropogénicas.
- Conservação do que é autêntico: formações geológicas e geomorfológicas, adaptações biológicas (géiseres, formações rochosas raras, espécies endémicas, raridade no contexto de uma região, de um país, de um continente, do mundo).
- Preservação da beleza: paisagens estéticas, vistas, elementos atractivos (lagos de montanha, rochas, árvores, animais e plantas especiais).
- Procurar a simbiose com a natureza: espécies que ajudam ou são ajudadas pelo desenvolvimento de outras.
- Atitudes místicas e religiosas em relação à natureza: lugares altos sagrados, formações naturais associadas à história dos deuses, contos de fadas, esoterismo, etc.
- Atingir e manter a sustentabilidade: proteção e reabilitação das funções da paisagem ou do capital natural para promover uma produção vegetal sustentável, proteção dos solos (prevenção da erosão e da poluição das águas subterrâneas).
- Conservação da diversidade ao nível das espécies, optimizando ou maximizando o número de espécies, protegendo as espécies-chave (espécies guarda-chuva).
- Conservação da diversidade nas paisagens diferentes tipos de habitat, paisagens diversificadas, mosaicos.

Os 11 princípios orientadores da conservação da natureza podem ser agrupados em categorias mais abrangentes e são complementares.

A prevenção do envenenamento ambiental, a conservação dos processos ecológicos, a conservação da vida selvagem e a minimização da intensidade, do impacto e da perturbação do uso do solo têm uma forte conotação protecionista. Há uma forte referência ao que é natural ou próximo do natural.

A conservação do que é autêntico e as abordagens da espiritualidade e da beleza são abrangidas pela proteção das paisagens culturais ou dos valores culturais. A proteção da biodiversidade divide-se em abordagens diretas (baseadas na proteção das espécies e de outros elementos bióticos) e indirectas (baseadas em substitutos como os habitats e as paisagens).

- Os novos conceitos cientificamente orientados de sustentabilidade e de proteção da biodiversidade têm uma forte conotação funcionalista; estão ligados pelos conceitos de recursos bióticos e de serviços ecológicos.

A tónica na sustentabilidade, desde a publicação do Relatório Brundtland e da Conferência do Rio, tornou o desenvolvimento sustentável uma obrigação em termos de gestão dos recursos. Trata-se de um conceito multidimensional que integra preocupações económicas, ambientais e sociais. O desenvolvimento sustentável dá origem a uma multiplicidade de interpretações que, por sua vez, dão origem a várias abordagens da gestão dos recursos naturais. Estas podem distinguir-se esquematicamente consoante se baseiem num princípio de sustentabilidade forte ou fraco, ou mesmo no princípio da precaução (Debailleul, 1909).

O princípio da sustentabilidade fraca baseia-se em regras de gestão dos recursos naturais que postulam que o capital natural pode ser inteiramente substituído por diferentes formas de capital reprodutível ou por diferentes formas de progresso técnico. De acordo com esta abordagem, uma perda de solo devido à erosão pode ser totalmente compensada por uma utilização mais eficiente dos factores de produção ou por inovações técnicas. Nos nossos países pobres e de clima tropical, a aplicação deste princípio pode levar à destruição irreversível dos recursos naturais. Em termos do princípio da sustentabilidade forte, se tivermos dúvidas sobre o grau de substituição entre as diferentes categorias de capital, sobre a taxa de progresso técnico, se tivermos em conta a diferença entre a situação do capital natural e do capital técnico face à irreversibilidade (existência de uma zona crítica em condições de reprodução do capital natural), adoptaremos princípios de gestão mais "conservadores" no que diz respeito aos recursos naturais.

O princípio da precaução vem juntar-se aos postulados da sustentabilidade forte, da aversão ao risco e da preocupação com a proteção das gerações futuras.

c. Conservação dos solos.

É essencial utilizar corretamente o solo para satisfazer as necessidades imediatas, para o proteger para utilizações futuras e para manter a fertilidade e os recursos hídricos. Para o efeito, é necessário lutar contra a erosão e minimizar a salinização.

c.1. Luta contra a erosão dos solos

Devem ser tomadas medidas para reduzir os efeitos da chuva no solo, reduzindo a energia cinética através da interposição de uma tela vegetal sobre o solo. É igualmente possível aumentar a resistência do solo através da plantação de vegetação. Os declives acentuados e os solos muito susceptíveis à erosão devem ser mantidos sob um coberto permanente: floresta, mato ou savana. A cobertura vegetal previne a erosão de várias formas. Protege o solo do impacto das gotas de chuva, aumenta a capacidade de infiltração da água no solo e reduz a quantidade de água que escorre da superfície. Reduz a velocidade de escoamento das águas superficiais. Através da ação das raízes das plantas, o coberto vegetal ajuda a manter o solo no lugar. Para reduzir o escoamento quando este existe, o declive pode ser reduzido através de métodos de cultivo adequados ou a velocidade de escoamento pode ser reduzida através de obras de engenharia civil. Em função do seu modo de ação, os métodos de controlo da erosão podem ser classificados da seguinte forma

- processos biológicos, conferindo aos solos uma maior resistência ao ataque da água através da vegetação cultivada com métodos ditos "conservadores".
- Processos mecânicos para controlar o escoamento superficial e, consequentemente, a erosão, reduzindo ou eliminando o impacto do declive.

A agrofloresta, um dos precedentes biológicos

A agrossilvicultura refere-se ao conjunto de sistemas de utilização da terra em que as plantas lenhosas perenes são deliberadamente associadas a culturas ou à produção animal, sob a forma de um arranjo espacial ou de uma sequência temporal que tem lugar numa única unidade de gestão da terra. Os sistemas agroflorestais são caracterizados por interações ecológicas e económicas significativas entre os seus vários componentes (Lundgren e Raintree, 1982; citados por Olivier, 1997).

Todos os sistemas agroflorestais partilham as seguintes caraterísticas: envolvem pelo menos duas espécies associadas, das quais pelo menos uma é lenhosa; existem pelo menos dois produtos provenientes do sistema; e o ciclo de produção estende-se por mais de um ano. O conceito de agrofloresta pode ser dividido em 3 grandes áreas: agro-silvicultura, integração silvo-pastoril e integração agro-silvo-pastoril.

Os sistemas agro-florestais para a conservação do solo envolvem geralmente a plantação de árvores ao longo das curvas de nível e nos limites das parcelas agrícolas para ajudar a

combater a erosão da água.
A agrossilvicultura tem influência nos solos. Uma das principais vantagens da agrofloresta é a sua capacidade de modificar positivamente as propriedades físicas do solo. Isto é importante porque a conservação da fertilidade do solo é a base para a sustentabilidade dos sistemas de produção agrícola e florestal. A manutenção da taxa de aumento da matéria orgânica no solo, a melhoria do ciclo dos elementos minerais, a fixação do azoto, a melhoria das propriedades físicas do solo e a sua proteção contra a erosão hídrica e eólica são os principais efeitos benéficos da agrossilvicultura nos solos.
A agrossilvicultura tem vantagens ecológicas e económicas. Uma das vantagens significativas da agro-silvicultura em relação às monoculturas e às plantações mono-específicas é a sua capacidade de aumentar a diversidade vegetal e animal. Assim, nas plantações de café com cobertura arbórea, a biodiversidade é muito mais elevada do que nas plantações industriais sem árvores de sombra (Olivier, 1997).
De um ponto de vista económico, muitas das árvores e arbustos utilizados nas agroflorestas, bem como certas plantas herbáceas, são leguminosas que realizam a fixação simbiótica do azoto atmosférico, favorecendo a acumulação de folhada ou a aplicação ao solo da descendência de espécies lenhosas fixadoras de azoto. Certos sistemas agroflorestais permitem enriquecer o teor de azoto do solo. Por exemplo, ao combinar o milho com arbustos fixadores de azoto, cujos rebentos são aplicados no solo, o cereal recebe uma fonte de azoto rapidamente disponível, melhorando assim o seu rendimento.

C. Algumas técnicas de luta contra o escoamento superficial

- Sebes vivas

Plantar sebes ou criar cumes nas curvas de nível. Uma linha de contorno é uma linha que liga todos os pontos de uma superfície topográfica que se encontram à mesma altura. Pode ser desenhada utilizando uma ferramenta simples chamada triângulo de inclinação. As cristas acentuadas nas curvas de nível são formadas por espécies herbáceas como Tripsacum, Setaria, etc. Os bojos são montes de folhas ou pedras amontoadas nas curvas de nível que interrompem o fluxo vertical da água numa encosta e impedem a formação de ravinas.

- Rotação das culturas

A rotação de culturas consiste em dividir o terreno de uma exploração agrícola em parcelas: uma parcela para cada cultura. Esta parcela é designada por "sola". As culturas devem mudar de parcela após cada estação. Quando a mesma cultura é cultivada repetidamente na mesma parcela de terra, a terra torna-se cada vez mais pobre. Por exemplo, o amendoim tem raízes pequenas, enquanto o painço tem raízes profundas. Estas plantas exploram, portanto, diferentes camadas do solo. Também têm necessidades diferentes de nutrientes minerais: o painço precisa de azoto, as plantas tuberosas precisam de muito potássio e as culturas forrageiras precisam de muito fósforo.
A rotação consiste em mover uma cultura de uma parcela para outra (e vice-versa) durante um período de tempo, e em sucessão. Dentro da mesma parcela, pode alternar as culturas de ervas daninhas que favorecem a erosão (milho, arroz de sequeiro, sorgo, painço, amendoim, algodão, etc.) com culturas de cobertura ou plantas de adubo verde.
A rotação de culturas favorece a luta biológica contra as doenças das culturas, sobretudo quando as plantas sucessivas não são atacadas pela mesma espécie de insectos praga. Ao encorajar o controlo biológico das doenças das culturas, reduzimos os efeitos nocivos dos pesticidas no ambiente.

- A construção de estruturas de engenharia

Numa região afetada por deslizamentos de terra, como é o caso de Bukavu, o controlo da erosão pode exigir a construção de estruturas de engenharia (Mweze, 2003),

D . Luta contra a salinização dos solos

Algumas plantas têm uma tolerância natural ao sal: tamareiras, alfafa, oliveiras (Robert, 1996). Podemos também tentar adaptar as espécies ou transformá-las para se adaptarem ao stress salino ou hídrico, que são semelhantes na natureza. Há que ter em conta que existe um certo nível de salinidade acima do qual a vegetação já não se pode adaptar, dando lugar à desertificação. A gestão da irrigação é uma técnica delicada que tem de ser implementada: irrigar com água com um baixo teor de sal. No nosso país, deve ser efectuada investigação para identificar plantas tolerantes ao sal.

E .Gestão

As medidas de conservação do solo, como o controlo da erosão, a agrossilvicultura e a adoção de melhores técnicas agrícolas, contribuem para a proteção da água. Outras medidas, como a eutrofização das margens e das margens dos rios, a gestão e o controlo das bacias hidrográficas, serão tratadas nesta rubrica.

1. Estabilização de margens e margens de rios

Foi observado no terreno e em laboratório que a velocidade da corrente é mais elevada ligeiramente a jusante dos eixos de curvatura dos meandros (Clibbon, 1997). A erosão será portanto particularmente importante nestas zonas. As técnicas de proteção mecânica consistem na construção de um muro de contenção de betão ou de gabiões ao longo da margem côncava. Uma margem pode também ser estabilizada com enrocamento de pedra. A margem pode igualmente ser estabilizada através da plantação de vegetação. Como a relva não é suficiente para manter o solo no lugar, é necessário utilizar árvores e arbustos com sistemas radiculares densos e bem desenvolvidos. O estabelecimento de uma faixa de vegetação ripícola ao longo de um curso de água também é eficaz. A largura da faixa ripícola varia entre 10 e 50 m na maioria dos casos (Jorgensen e Loffer, 1990). Uma faixa de vegetação ripícola, herbácea, arbustiva ou arborizada protege as margens da erosão causada pela água que escorre dos campos, fornece abrigo e alimento para a vida selvagem, proporciona zonas de sombra e mantém a água fresca. As faixas ripícolas arborizadas albergam uma fauna variada, algumas das quais são úteis para a exploração agrícola, como certas aves que podem destruir insectos prejudiciais às culturas. Os bosques que se desenvolvem ao longo dos cursos de água são uma fonte importante de resíduos vegetais, frutos e insectos que caem na água e são consumidos por invertebrados e peixes.

2. Intervenção à escala da bacia hidrográfica

A área de terra drenada por um rio principal e os seus afluentes é designada por bacia hidrográfica. Desde a extremidade superior até à base de uma bacia hidrográfica, a água move-se e flui para cursos de água cada vez maiores até chegar ao rio principal ou à massa de água. As caraterísticas naturais de uma bacia hidrográfica e as actividades desenvolvidas na zona desempenham um papel decisivo na determinação da qualidade da água. Se uma bacia hidrográfica for utilizada para a agricultura, a água do rio será afetada pela erosão ou pela poluição causada pelos fertilizantes. Se houver pouca atividade humana numa bacia hidrográfica arborizada, os rios e as massas de água estarão menos poluídos na ausência de chuvas ácidas e de fenómenos naturais perturbadores. A gestão da bacia hidrográfica é um aspeto do planeamento integrado do uso do solo. Podem distinguir-se duas categorias de medidas (Maldague, 1997):

a. as medidas de gestão têm como objetivo (casos muito frequentes) Neste caso, para manter o equilíbrio natural, é necessário assegurar a permanência de um coberto vegetal tão completo quanto possível, floresta ou prado permanente. Por exemplo, no caso de um terreno íngreme e rochoso, a floresta deve ser preservada. Trata-se de uma medida preventiva.

b. No entanto, pode acontecer que seja necessário considerar medidas corretivas (florestação, por exemplo). Neste caso, a luta contra os fenómenos de degradação (erosão, erosão torrencial, por exemplo) deve ser empreendida de cima para baixo e não de baixo para cima. A correção da bacia hidrográfica deve preceder o desenvolvimento dos terrenos situados a jusante.

3. Luta contra a eutrofização

A luta contra a eutrofização e o envenenamento das águas passa essencialmente pela drenagem de todas as fontes de águas residuais e pela depuração das águas que alimentam os rios e os lagos. A utilização de fossas sépticas corretamente concebidas, com descarga das águas em poços absorventes, é eficaz. A utilização de fertilizantes químicos não deve ser exagerada. Os fertilizantes orgânicos devem ser utilizados com moderação. O controlo regular da qualidade da água fornece os dados necessários para tomar decisões atempadas.

4. Conservação da flora e da fauna

Para a conservação da flora e da fauna, são recomendadas as seguintes medidas: a luta contra a fragmentação dos ecossistemas e as invasões biológicas, a luta contra os incêndios florestais, a gestão por espécies-estrela e a designação de partes do espaço nacional como áreas protegidas para espécies representativas da flora e da fauna da região.

4.1. Combater a fragmentação dos ecossistemas

A desflorestação não resulta necessariamente no desaparecimento total do coberto florestal, mas muitas vezes na sua fragmentação em manchas de dimensões variáveis. A fragmentação tem um impacto considerável na vida selvagem, uma vez que a priva de vias de comunicação entre as manchas florestais. No entanto, é possível manter as vias de comunicação entre as parcelas através da preservação dos corredores de vegetação natural. Os corredores estão no centro de uma controvérsia: alguns acreditam que os corredores expõem a vida selvagem ao perigo (armadilhas ou caça fácil numa área pequena); outros argumentam que os corredores encorajam as trocas entre parcelas separadas. Belisle descobriu que os mesangutans (pássaros) usavam mais os corredores arborizados do que as áreas abertas (Lavoie, 1998) para se deslocarem de uma parcela para outra. No Parque Nacional de Kahuzi-Biega, na República Democrática do Congo, Refisch (1991) observou que o corredor que ligava a parte de altitude elevada (1.800 a 3.308 m) à parte de baixa altitude (600 a 1.200 m) favorecia as trocas entre os animais selvagens destes dois ambientes. [2]Este intercâmbio entre animais em Kahuzi-Biega é visto como um meio de evitar a consanguinidade nas populações de gorilas confinadas à parte de 600 km de altitude do Parque (Mulhenberg et al., 1995).

4.2. A luta contra as invasões biológicas

Por definição, uma invasão biológica é a expansão geográfica de espécies para uma área que não ocupavam anteriormente. As invasões podem ocorrer como resultado de alterações climáticas ou através da introdução de espécies pelo homem.

Para evitar os danos causados pelas invasões biológicas, é necessário criar um sistema de monitorização da biodiversidade. Com este sistema, é possível saber quais as espécies conservadas e aperceber-se atempadamente do aparecimento de uma nova espécie no ecossistema.

Por conseguinte, devem ser efectuados estudos aprofundados para determinar as consequências da introdução de uma nova espécie num determinado ambiente. Por exemplo, o pedido de introdução do River Barbus ictalurus punctatus, uma subespécie de peixe omnívoro, foi rejeitado pelo governo neozelandês com base nos resultados de um estudo que mostrou que este peixe teria um impacto negativo na sobrevivência de, pelo menos, quatro espécies de peixes indígenas (Leveque, 1994).

4.3. A luta contra os incêndios florestais

Quando uma área de floresta já degradada (por exemplo, pela agricultura de queimada) é totalmente protegida contra os incêndios florestais, forma-se uma floresta secundária que tende para a formação de uma floresta densa semidecídua (Ministério da Cooperação, 1979). A proteção integral é necessariamente limitada por razões económicas, mas deve ser alargada a todas as zonas florestais onde a conservação é necessária. A criação de corta-fogos no final da estação das chuvas é uma prática que permite evitar os incêndios nas florestas protegidas.

Entre certos pastores e caçadores africanos, a prática da queimada é frequentemente um hábito ancestral. Se for difícil proibir as queimadas, podem ser recomendadas queimadas precoces. As queimadas precoces são praticadas no início da estação seca, quando as folhas das árvores e as ervas ainda estão verdes. Nesta altura, a água da chuva ainda está presente na vegetação. A prática de fogos tardios deve ser proibida. Neste caso, é necessário reforçar a regulamentação sobre as queimadas.

4.4. Desenvolvimento por espécies estelares

Ao selecionar uma única espécie para ocupar o lugar central, é possível preservar toda uma área com toda a sua biodiversidade. A espécie estrela actua como um guarda-chuva para as outras espécies animais e vegetais do ecossistema. No Parque Nacional de Kahuzi-Biega, o gorila é o animal guarda-chuva. Ao protegê-lo, estamos a proteger o seu habitat e as outras espécies que lá vivem.

A gestão das espécies de estrelas tem dois objectivos:

- Favorecer o desenvolvimento de uma determinada espécie, assegurando a produtividade sustentada do seu habitat;

-Gestão simultânea da vida selvagem e da vegetação, especialmente da vegetação lenhosa.

A gestão por animal estrelado baseia-se no seguinte princípio: uma vez selecionada uma única espécie de interesse para uma determinada área, a gestão dessa área é adaptada para satisfazer as necessidades de habitat da espécie.

Alguns critérios de seleção das espécies estelares são :

- Interesse do público pelas espécies ;
- Espécies ameaçadas ;
- Complementaridade entre a produção de espécies e a produção de madeira.

f. Utilização e reforço da biodiversidade

A biodiversidade é a base de todos os nossos recursos alimentares e tem numerosas aplicações nos domínios da saúde, da indústria e da biotecnologia. As actuais espécies animais e vegetais domesticadas são de origem selvagem. Plantas de particular importância na vida quotidiana dos astecas do México

As culturas pré-colombianas são atualmente cultivadas em todo o mundo, incluindo o milho, o feijão, a batata-doce, a abóbora, o cacau, o algodão, o tabaco e a malagueta.

O processo de domesticação continua com a procura de novas raças ou variedades com melhor desempenho, melhor crescimento e/ou maior rendimento. Por exemplo, para combater as doenças do cafeeiro que são resistentes à utilização de fungicidas, são utilizadas estirpes genéticas de populações selvagens dos centros de origem do café - Etiópia, planaltos da África Oriental e florestas tropicais de Madagáscar.

Vários fabricantes empreenderam investigação para utilizar melhor os ingredientes activos das plantas medicinais. A empresa Pharmakina está atualmente a popularizar *a Prunus africana* entre os agricultores. Foram recolhidas boas sementes de Prunus africana no Parque Nacional de Kahuzi-Biega. Os extractos desta planta são utilizados para fazer medicamentos para tratar o cancro da próstata. A utilização de plantas medicinais é um fenómeno antigo e generalizado. Cerca de 80% da humanidade não tem acesso a medicamentos e continua a confiar nas virtudes das plantas para se tratar.

Os animais são também a fonte de substâncias farmacológicas. Por exemplo, o fígado do tubarão contém substâncias que aumentam a resistência do corpo humano a doenças cancerígenas, enquanto o veneno de abelha é utilizado para tratar a artrite.

A natureza fornece uma reserva de produtos industriais: madeira, madeira para pasta de papel, borracha, óleos extraídos de árvores ou animais, etc.

G. Importância dos recursos naturais na luta contra a infertilidade dos solos

Um recurso natural é um bem, substância ou objeto encontrado na natureza e explorado para as necessidades de uma sociedade humana. Os recursos naturais incluem a água, o ar, a terra e o solo, bem como as matérias-primas (metais, minérios), os organismos vivos (microrganismos, plantas, florestas, animais) e os combustíveis fósseis (carvão, petróleo, gás natural). É frequente pensarmos nos recursos naturais como fontes de energia, mas eles são, antes de mais, condições para o aparecimento da vida em geral (o sol, a água, o ar, as espécies vivas).

Os recursos naturais podem ser utilizados no seu estado bruto, embora através de diversos processos que não os alteram (é o caso das plantas e dos animais, mas também das energias renováveis provenientes do ar, do vento, da água e do sol). Podem também ser transformados para serem explorados, e são essencialmente energias fósseis como o carvão, o petróleo, o gás natural ou o urânio.

Desde os anos 70, este conceito evoluiu para incluir recursos úteis a todos os ecossistemas e a todos os sectores socioeconómicos. A disponibilidade dos solos, a qualidade da água e do ar, o aspeto das paisagens e a biodiversidade são outros aspectos dos recursos naturais.

A fragilidade e a limitação de certos recursos caracterizam os recursos não renováveis (por exemplo, o discurso), por oposição aos recursos renováveis (por exemplo, a biomassa), que não são inesgotáveis.

A gestão sensata dos recursos naturais é uma condição essencial para a existência humana. A questão dos recursos naturais é absolutamente essencial quando se trata de desenvolvimento sustentável; é mesmo o seu fundamento, uma vez que a doutrina do desenvolvimento sustentável surgiu da noção de risco, que surgiu quando as sociedades começaram a questionar a sua relação com a natureza e os seus recursos.

Falar de recursos naturais equivale, portanto, a ver a natureza como fornecendo a Tomé os meios para assegurar o seu desenvolvimento. Não há dúvida de que devemos ter sempre presente e registar o facto de que qualquer discurso que inclua os recursos naturais parte de uma visão utilitarista do mundo - em geral, trata-se de determinar a que ritmo e em que condições tal ou tal recurso pode ser explorado. Deste ponto de vista, qualquer discurso que fale de recursos naturais e, ao mesmo tempo, proíba a sua utilização, por exemplo, pode ser considerado contraditório.

O conceito de conservação da natureza engloba duas dimensões: a proteção integral (aspeto estático) e a gestão racional (aspeto dinâmico).

Conservação Proteção integral Desenvolvimento racional

O desenvolvimento racional permite que os recursos naturais sejam explorados da melhor forma possível, o que implica assegurar a preservação e a utilização sustentável do capital inicial. A gestão dos recursos naturais diz respeito aos processos e práticas envolvidos na sua afetação e utilização. A gestão sustentável permite utilizar os recursos naturais da melhor forma possível para satisfazer as necessidades actuais de subsistência, mantendo e melhorando simultaneamente a qualidade dos recursos naturais para as gerações futuras.

A conservação da natureza alarga o âmbito das suas preocupações não só aos recursos naturais, mas também aos ambientes naturais e modificados, bem como aos mecanismos pelos quais a natureza é produzida.

Recursos (por exemplo, os ciclos de elementos biogénicos através dos quais os recursos naturais são regenerados) Para Nicholson:

"A conservação da natureza é tudo o que o homem planeia e faz para atenuar o seu impacto no seu ambiente natural e para satisfazer todas as suas *verdadeiras* necessidades, *permitindo ao mesmo tempo que esse ambiente se perpetue num estado de equilíbrio e de funcionamento.*

O objetivo da conservação da natureza é encontrar formas de equilibrar os recursos. Com a revolução da sociedade, o conceito de conservação da natureza, embora apresente um aspeto deliberadamente intervencionista, é ainda demasiado limitado no seu objeto, uma vez que visa essencialmente os recursos naturais e os ecossistemas naturais.

Os recursos naturais e os serviços que prestam são essenciais para a produção alimentar, o reforço do desenvolvimento rural e a manutenção dos meios de subsistência rurais.

Os conflitos e a competição pelo acesso e utilização destes recursos são susceptíveis de aumentar em muitas regiões, devido ao aumento acentuado da procura de alimentos, fibras e energia e à perda e degradação de terras produtivas. Estes conflitos serão exacerbados pela alteração das condições de cultivo, pelo aumento da perda de biodiversidade, por fenómenos meteorológicos extremos e por outros efeitos das alterações climáticas.

A gestão sustentável dos recursos naturais para as gerações presentes e futuras exige que determinados aspectos fundamentais dos recursos naturais e da sua governação sejam abordados hoje, em todos os sectores. Tal como sublinhado no relatório da Avaliação Ecossistémica do Milénio, publicado em 2005, não será possível realizar progressos na consecução dos Objectivos de Desenvolvimento do Milénio de erradicação da pobreza, redução da pobreza e sustentabilidade ambiental se os serviços ecossistémicos humanos continuarem a ser degradados.

Muitos recursos naturais estão concentrados num pequeno número de países com reservas limitadas. Por exemplo, os dados estatísticos mostram que 90% das reservas mundiais comprovadas de petróleo se encontram em apenas 15 países (dos 200 países do mundo atual) e que 99% das reservas mundiais de petróleo se encontram em 40 países. O comércio internacional pode ajudar a corrigir estas disparidades na dotação de recursos naturais, permitindo a transferência de recursos de regiões onde a oferta é reduzida para regiões onde a procura é elevada, o que pode também contribuir para uma utilização mais eficiente dos

mesmos.
No entanto, como os recursos naturais são factores de produção essenciais, são também necessários para manter a qualidade de vida das pessoas, e a sua distribuição desigual pode ser uma fonte de tensão entre nações.
Na maioria dos litígios comerciais que envolvem produtos agrícolas ou manufacturas, um país procura limitar as importações por uma série de razões - por razões orçamentais, para apoiar uma indústria nascente ou "estratégica", por razões de interesse público (saúde, ambiente, segurança, etc.), ou em resposta a práticas comerciais que o país importador considera injustas. Inversamente, a maioria dos países importa recursos naturais de fornecedores estrangeiros. Mas os países exportadores podem ter relutância em deixar que os seus recursos se destinem a outros países por uma série de razões, incluindo o cumprimento de requisitos orçamentais, a diversificação da economia através do desenvolvimento da transformação de matérias-primas, a garantia de um abastecimento interno adequado e a proteção do ambiente.
A distribuição geográfica desigual dos recursos naturais transaccionados é também ilustrada pelos mapas 1 a 5 do Apêndice, que mostram os exportadores líquidos e os importadores líquidos por produto, com base nos dados do comércio de mercadorias da base de dados Contra da ONU. De particular interesse é a distribuição dos combustíveis e dos metais não ferrosos, sendo todas as principais economias industriais importadoras líquidas destes produtos. Todos os países europeus, com algumas excepções, são importadores líquidos de todos os tipos de recursos naturais, tal como o Japão e a República da Coreia. Os Estados Unidos são um exportador líquido de produtos florestais e minerais, mas um importador líquido de todos os outros recursos transaccionáveis. A Índia e a China são apenas exportadores líquidos de peixe, mas importadores líquidos de muitos outros recursos. A Rússia é um exportador líquido de todos os recursos, exceto peixe. Entre as principais economias desenvolvidas, apenas o Canadá é um exportador líquido de quase todos os tipos de recursos naturais.
A água, que geralmente não é transaccionada, é também distribuída de forma muito desigual entre os países. De acordo com as Nações Unidas, a humanidade está a enfrentar um grave problema de escassez de água (Nações Unidas, 2009). A maior parte dos recursos hídricos do mundo é constituída por água salgada, representando a água doce apenas 2,5 por cento. Aproximadamente 70% da água doce disponível encontra-se nas calotas polares da Antárctida e da Gronelândia, deixando apenas 17% dos recursos hídricos mundiais para consumo e, destes 0,7%, cerca de 1% é utilizado para a agricultura. As reservas mundiais de água potável própria para consumo humano são finitas e estão a diminuir rapidamente, constituindo uma séria ameaça para a saúde pública, a estabilidade política e o ambiente.
A escassez de água é exacerbada pelo crescimento da população, pela urbanização crescente e pelos elevados níveis de consumo per capita, entre outros factores. Prevê-se também que as alterações climáticas contribuam para a escassez de água no futuro, uma vez que o aumento das temperaturas conduzirá a secas, à desertificação e a um aumento da procura de água. O problema da escassez de água é mais grave em alguns países do que noutros, uma vez que a oferta de água per capita é muito maior do que noutros. A água em si não pode ser comercializada e o comércio internacional pode ter um efeito muito maior em países como o Canadá, a Rússia e o Brasil do que no Médio Oriente e em grandes partes de África. [2]Por exemplo, no Canadá, é de 87 000 m por pessoa por ano, o que é cerca de nove vezes superior ao dos Estados Unidos (9 800 m2 por ano), onde é quase 14 vezes superior ao do Egito (700 m2 por pessoa por ano). E no Egito, o abastecimento de água é cerca de sete vezes superior ao

da Arábia Saudita, onde os recursos são apenas de 95 m por pessoa e por ano (Organização das Nações Unidas para a Alimentação e a Agricultura, base de dados AQUASTAT). O comércio internacional poderia eventualmente ajudar a atenuar os problemas de escassez de água a nível local, fornecendo recursos onde eles são mais necessários. No entanto, os países não podem ou não querem fazê-lo porque praticamente não existem expedições em grande escala. Esta falta de comércio deve-se em grande parte a factores técnicos, uma vez que a água é um bem pesado e, por conseguinte, difícil de transportar. Além disso, a escassez ou abundância de água é geralmente partilhada pela maioria dos países da mesma região, pelo que a água teria de ser transportada a longas distâncias para ultrapassar o problema da escassez. Embora indiretamente benéfico para o abastecimento de água dos países. A exportação de produtos com utilização intensiva de água (como os produtos agrícolas) de regiões onde a água é abundante para regiões onde é escassa pode permitir que os países importadores poupem dinheiro ao libertarem recursos para outras utilizações. Por exemplo, entre 1997 e 2001, a importação de produtos com utilização intensiva de água para o Japão poupou ao país 94 mil milhões de metros cúbicos de água que teriam sido necessários para produzir esses produtos internamente (Hoekstra, 2009).

H. Desmaterialização da economia e conservação dos recursos naturais

Em 1992, o capítulo 4 da Agenda 21 do Rio de Janeiro foi dedicado à necessidade de alterar os padrões de consumo, utilizando melhor a energia e os recursos, reduzindo ao mínimo a produção de resíduos e orientando as escolhas dos indivíduos e dos actores para produtos e práticas ecologicamente corretos.

5 anos mais tarde, em 1997, a Assembleia Geral das Nações Unidas clarificou esta orientação, associando-a a objectivos quantificados formulados nestes termos: "devem ser examinados estudos que proponham uma utilização mais racional dos recursos e deve ser considerada, em particular, a possibilidade de multiplicar por 10 a produtividade dos recursos a longo prazo e de quadruplicar a produtividade dos recursos nos próximos 20 ou 30 anos nos países industrializados".

De facto, o desenvolvimento (atividade humana atual) é feito com o ambiente (natureza). Todos os materiais e recursos naturais utilizados numa economia acabam, mais cedo ou mais tarde, nas emissões ou resíduos descarregados no ambiente. Cada quilo de material num produto acabado representa muitos mais quilos de recursos e energia extraídos pelo homem do ambiente...

Ouro :

Mais de 90% dos recursos extraídos são desperdiçados na produção de alimentos, máquinas, veículos e infra-estruturas. Os países industrializados libertam no ambiente, sob a forma de resíduos, entre % e % dos recursos naturais que utilizam.

São necessárias três toneladas de materiais naturais não renováveis para fabricar um catalisador para um automóvel... entre 8 e 14 toneladas para um computador pessoal:

E todos os anos, para manter o atual estilo de vida dos países industrializados, são consumidas, em média, quase 100 toneladas de recursos não renováveis e mais de 500 toneladas de água doce por pessoa, ou seja, 30 a 50 vezes mais do que o disponível nos países mais pobres. Melhorar a eficiência com que as nossas sociedades utilizam os recursos naturais é essencial se quisermos progredir no sentido de um desenvolvimento sustentável.

São necessárias reformas estruturais das nossas economias, incluindo a desmaterialização da nossa economia, que consiste na "redução absoluta ou relativa da utilização de recursos

naturais por unidade de função ou de serviço".
Para medir a desmaterialização, o WWF propôs o método da pegada ecológica, que compara a procura e a oferta dos recursos regenerativos do planeta/biosfera.
O objetivo da pegada ecológica é, portanto, comparar a capacidade da biosfera (de regenerar os recursos naturais e assimilar os resíduos) com a procura humana. Em termos práticos, este objetivo traduz-se numa questão de investigação que pode ser quantificada: qual é a capacidade de produção biológica do planeta necessária para satisfazer a procura gerada pela atividade humana? Isto permite visualizar o impacto da atividade humana na capacidade do planeta para suportar a vida.

I . Classificação dos recursos naturais

1. **Os recursos biológicos naturais** são: a água que bebemos, o solo que cultivamos, o ar que respiramos, as florestas que fornecem oxigénio à atmosfera e todas as plantas e animais.
2. **Os recursos energéticos naturais** são, por definição, aqueles que são explorados para produzir energia. É claro que podemos sempre reduzir as propriedades dos recursos biológicos a efeitos energéticos: os alimentos que ingerimos não são transformados em energia química, que os nossos músculos, por sua vez, transformam em energia mecânica? Mas vamos manter a distinção, argumentando que as implicações energéticas dos recursos biológicos são indirectas.
3. **Recursos naturais renováveis e não renováveis**

É frequente fazer-se uma distinção entre recursos renováveis e não renováveis. Os recursos renováveis são aqueles que se regeneram naturalmente ou aqueles que são praticamente ilimitados. Por conseguinte, é essencialmente a preservação da sua qualidade que nos interessa aqui, sendo a questão essencial conhecer os limiares de tolerância à poluição para cada um deles. Convém, no entanto, salientar que esta classificação é geralmente feita de um ponto de vista global, pois se pensarmos à escala local, é evidente que nem todos os territórios dispõem das mesmas reservas (pensemos nomeadamente na água). Os outros recursos ditos i-renováveis são limitados em quantidade e, por conseguinte, não é apenas a gestão da sua qualidade, mas também a da sua quantidade que é importante para nós. A avaliação das reservas de recursos renováveis é, pois, uma questão central, cuja resolução depende de vários factores. Por exemplo, no caso do petróleo, baseamos os nossos cálculos nas jazidas conhecidas ou incluímos as jazidas ainda por descobrir, o que levanta a questão da capacidade financeira para encontrar e explorar jazidas, ou os interesses económicos a curto ou médio prazo que podem estar envolvidos na travagem da procura de novas jazidas, etc.? Outro exemplo: o urânio é um recurso limitado, na medida em que atualmente utilizamos sobretudo urânio-235 para produzir energia nuclear, e o enriquecimento do minério natural produz 0,71% de urânio-235 contra 99,28% de urânio-238, que não é físsil. Assim, com a nossa tecnologia nuclear atual, o urânio é um recurso escasso; se pudéssemos utilizar o urânio 238, ou o tório, as reservas tornar-se-iam praticamente ilimitadas.
As duas distinções (recursos biológicos ou energéticos e recursos renováveis ou não renováveis) não podem ser sobrepostas: um recurso pode ser biológico e renovável (ar), biológico e não renovável (atum rabilho do Mediterrâneo, muito em breve), energético e renovável (o sol) ou energético e não renovável (carvão).
A conservação dos recursos naturais só incidentalmente diz respeito aos recursos não renováveis (carvão, óleo mineral), que estão sujeitos à lei da limitação. Quando as reservas conhecidas se esgotam, só há duas soluções possíveis: a descoberta de outras jazidas ou a

descoberta de um produto de substituição.

As considerações que se seguem aplicam-se principalmente aos recursos naturais renováveis. Os recursos naturais renováveis estão intimamente ligados aos ecossistemas, por exemplo, água e florestas ou rios.

4. Recursos naturais, tanto pontuais como difusos (generalizados)

Esta classificação baseia-se na concentração geográfica, ou seja, o recurso natural está localizado em pequenos pontos ou ocupa grandes áreas? Por exemplo, as florestas que cobrem grandes áreas podem ser consideradas recursos difusos. Os recursos pontuais são concentrados e nunca ocupam uma área significativa no mapa geográfico, como é o caso da maioria dos minerais.

É possível combinar certas classificações com base em diferentes critérios

Exemplo: taxa de regeneração e concentração geográfica.

	RENOVÁVEIS	NÃO-RENOVÁVEIS
VISUALIZAR	- Vegetação, solo, florestas, corpos - Animais - Água	- Turfa - Certas substâncias de terras curtas, por exemplo, cascalho, areia
PONTUAL	- Certas culturas/animais condições necessárias especial	- Muitos minerais, por exemplo, o ouro

RN de acordo com o seu grau de fiabilidade (acessibilidade), obstrução e legalidade (Ross, 2002)

De acordo com Ross (2002), a fiabilidade ou acessibilidade é a facilidade com que uma RN é extraída ou transportada. Os recursos acessíveis incluem as rochas aluviais, os produtos agrícolas e a madeira. Por outro lado, as rochas profundas, o petróleo e o gás natural são menos acessíveis.

Algumas RN requerem mão de obra ou tecnologia adequadas para a sua extração/evacuação. No que diz respeito ao modo de transporte ou de evacuação das RN, os diamantes ou as drogas podem ser transportados diretamente e evacuados por via aérea sem qualquer obstáculo, ao passo que as substâncias que requerem comboios ou camiões constituem um obstáculo. As substâncias mais exigentes, como o gás e o petróleo, são transportadas por gasoduto.

Esta classificação é importante para compreender as causas dos conflitos em diferentes partes do mundo.

RN de um ponto de vista económico

As NR desempenham papéis diferentes no crescimento dos Estados e, por conseguinte, são consideradas de forma diferente consoante o caso. Para alguns países, trata-se apenas de florestas, produtos agrícolas ou minerais, para outros trata-se de uma combinação de RN.

No entanto, é praticamente difícil estimar o valor económico monetário exato de certas RN quando este é indireto (por exemplo, o ar) ou intrínseco (por exemplo, a biodiversidade).

L. Recursos naturais renováveis

1. Água

Uma molécula de água é constituída por dois átomos de hidrogénio mais pequenos e um átomo de oxigénio maior. A fórmula de uma molécula de água é H2O. A água pode ser líquida, gasosa ou sólida.

A água cobre 79% da superfície da Terra. A maior quantidade de água encontra-se nos oceanos. Os oceanos contêm 96,5% do volume de água da Terra. 1,74% existe sob a forma de

glaciares e neve eterna e 1,7% em águas subterrâneas. O resto da água encontra-se nos lagos, na atmosfera, no solo, nos pântanos, nos rios e ribeiros e nas plantas.
A água é ácida ou básica. A água em que a concentração de iões de hidrogénio (H+) é elevada é ácida. A água com uma concentração elevada de iões hidróxido (OH-) é básica (alcalina). Um litro de água pura a uma temperatura de 23,9°C contém 0,000.000.1 (10-7) gramas de iões de hidrogénio. O mesmo litro de água conterá o mesmo número de gramas de iões hidróxido, ou seja, 10-7 g. Diz-se que esta água é neutra. A escala de pH vai de 1 a 14. Um pH inferior a 7 é ácido e um pH superior a 7 é básico. [1]Uma água muito ácida (pH<5,6) ou muito básica (pH>9) não é adequada para a vida aquática.
A água é salgada quando a sua salinidade é >2,47%. É macia quando a sua salinidade é inferior a 0,15%. Entre os dois níveis de salinidade, diz-se que a água é salobra. Em relação à água salgada. A água doce é a água própria para consumo humano. Mas a água doce representa uma pequena proporção do volume total de água disponível. A água suja representa 97,446% do volume total de água no mundo. A maior quantidade de água doce encontra-se sob a forma de glaciares e de neve eterna (68,7%). As águas subterrâneas contêm 97,74% da água doce líquida. 1,47% encontra-se nos lagos, 0,78% no solo e 0,01% nos rios e riachos.

A água na República Democrática do Congo

[2]2/3 da superfície da RDC (2.345.409 km) são drenados pelo rio Congo e seus afluentes
Com exceção do nordeste (bacia do Nilo) e da costa, a bacia do rio Congo estende-se por 3 822 000 km. Entre o Lago Tanganica e a foz, o rio tem 4.700 km de comprimento. O seu caudal médio é de 45.000 m2 por segundo. As massas de água representadas pela vasta rede de rios, planícies aluviais e lagos cobrem cerca de 86.080 km2, ou seja, 3,5% do território nacional. Os principais lagos da RDC são transfronteiriços: Albert e Edouard (Uganda), Kivu (Ruanda), Tanganica (Burundi e Tanzânia) e Moero (Zâmbia). Os lagos Tumba e Inongo situam-se no interior. A RDC possui o maior volume de água doce de África. É um recurso abundante
de que cada vez mais países necessitam. A procura de água no Congo é um desafio para os políticos e o cientista congolês para definir políticas de controlo de dados para fazer face a uma crise
a eventual procura de água por parte de outros países.
A água é um recurso natural essencial para a vida. É o maior componente do sangue e da seiva; sem seiva e sangue, a maioria das plantas e animais (incluindo os humanos) não pode sobreviver. A água é o habitat natural das espécies aquáticas (por exemplo, peixes, anfíbios e algas). Graças ao ciclo hidrológico, a água desempenha um papel na regulação do clima.

2. O chão

O solo é a parte mole da litosfera; é a epiderme da terra emersa (Robert, 1996). [2]No mundo inteiro, as terras potencialmente aráveis cobrem cerca de 3.200 milhões de hectares (32 milhões de km), metade dos quais são cultivados (Maldague, 1997). Sem solo, a agricultura é impossível.
Um perfil de solo é caracterizado por uma sucessão de camadas conhecidas como horizontes (Fig. 2). Um solo tem 4 horizontes: A, B, C e R. O horizonte A, o horizonte superficial, contém matéria orgânica. Está frequentemente empobrecido em colóides (partículas de dimensão inferior a um mícron) e em ferro por lixiviação. O horizonte B difere do A pelo facto de ser enriquecido em colóides e ferro. O horizonte C é um material original mais ou menos alterado. O horizonte R é a rocha-mãe.
A estrutura do solo consiste em argila (0 a 2 um), silte (2 a 50 um), areia (50 a 200 um) e areia

[1] O pH do Lago Kivu é de 9,1-9,5, enquanto o do Lago Tanganica é de 8,0-9,0.

grossa (200 a 2.000 um).
Do ponto de vista biológico, o solo é um meio vivo. As bactérias representam mais de 10 milhões de indivíduos por grama de solo. Os fungos e os actinomicetos (microrganismos estreitamente relacionados com as bactérias) são cerca de 1 milhão. Ao panorama da microflora do solo, há que acrescentar os líquenes, sobretudo à superfície, e os fungos micorrízicos que vivem em simbiose com as raízes. A pedofauna inclui as minhocas, os ácaros e os animais escavadores (roedores, insectívoros, etc.). Os organismos vivos desempenham um papel essencial tanto na formação como no funcionamento do solo. Por exemplo, as bactérias ajudam a decompor os resíduos vegetais para formar húmus. Os organismos vivos também participam na degradação de rochas e minerais, contribuindo assim para a formação do solo.
Cinco factores influenciam a formação do solo. São eles o clima, a vegetação e os organismos vivos, a rocha, o relevo e a idade do solo.
Clima. Este é o principal elemento na formação do solo, porque em todas as zonas climáticas do mundo, os solos têm caraterísticas comuns (Clibbon, 1996).
Vegetação e organismos vivos. A decomposição dos detritos vegetais e animais (humificação) resulta da atividade dos microrganismos. Esta transformação resulta na formação de húmus.
Rocha de base. Trata-se de um depósito solto que dá origem ao solo. É diferente do leito rochoso
Alívio. Este facto tem uma profunda influência no desenvolvimento do solo. Existe uma diferença entre os solos dos cumes, das encostas e dos declives mais baixos. O fenómeno de lixiviação predomina geralmente nos terrenos mais elevados, enquanto o fenómeno de acumulação é mais frequente nas depressões.
A idade do solo. A influência do clima, da vegetação, da rocha e do relevo depende do tempo de ação destes factores. O solo leva muito tempo a formar-se (várias centenas de anos). O solo é, por conseguinte, um recurso difícil de renovar. Maldague (1997) constata que a degradação do solo é frequentemente irreversível. Robert (1996) considera que o solo é um recurso natural não renovável.

3. Vegetação

[2]As florestas, os prados arborizados e os matagais cobrem 53 milhões de km, ou seja, cerca de 40% da superfície terrestre (IUCN et al., 1991). De acordo com uma estimativa de Grandtner (citado por Clibbon, 1996), existem entre 50.000 e 60.000 espécies de árvores na Terra.
Cerca de 240 milhões de pessoas pobres do mundo vivem nas florestas dos países em desenvolvimento e dependem dos produtos florestais para a sua sobrevivência. A floresta e os seus produtos proporcionam rendimentos em dinheiro, empregos e bens de consumo às famílias pobres. A exploração florestal proporciona emprego formal e informal a cerca de 40-60 milhões de pessoas. Em alguns países em desenvolvimento, o sector contribui com mais de oito por cento do PIB. A madeira pode ser o produto florestal mais importante, mas as florestas também são frequentadas por frutos, ervas e mel, bem como por animais selvagens.
Menos visíveis, mas não menos importantes, são os serviços ecossistémicos prestados pelas florestas, neste caso o ciclo hidrológico.
As florestas naturais e modificadas proporcionam inúmeros benefícios aos seres humanos. São parte integrante dos sistemas de suporte de vida e desempenham um papel crucial no equilíbrio da atmosfera e do clima. As florestas desempenham um papel moderador no clima local. As condições climáticas são geralmente mais amenas, mais húmidas e mais estáveis nas

zonas sob a influência das florestas do que nas zonas não florestadas da mesma região. As florestas regulam o ciclo local da água; protegem os solos da erosão excessiva, reduzem a carga sedimentar dos cursos de água, abrandam o escoamento e moderam as inundações e outras flutuações comuns do caudal da água. Nas bacias hidrográficas, a presença de florestas tem também uma influência reguladora no escoamento e ajuda a conservar os habitats de desova e de pesca.

As florestas constituem um habitat para uma grande variedade de espécies. Na floresta do Parque Nacional de Kahuzi-Biega, na RDC, existem 13 espécies de primatas, 9 espécies de antílopes, mais de 400 espécies de aves e vários milhares de espécies de plantas (Muhlenberg, 1995).

Os recursos genéticos florestais são utilizados para melhorar as espécies cultivadas para a produção de madeira; incluem espécies selvagens estreitamente relacionadas com raças de animais e variedades de plantas selecionadas para reprodução e horticultura, bem como espécies que podem oferecer novos produtos.

As florestas desempenham um papel importante no turismo. Possuem um valor cultural inestimável, como locais de lazer e descontração e como fonte de inspiração religiosa e artística.

No entanto, o coberto florestal mundial diminuiu pelo menos 20% desde a época pré-agrícola. Embora a área florestal tenha aumentado ligeiramente nos últimos trinta anos nos países industrializados, diminuiu cerca de 10% nos países em desenvolvimento durante o mesmo período.

De acordo com a FAO, a desflorestação é responsável por 25% das emissões de gases com efeito de estufa, pelo que a sua redução é uma prioridade máxima na agenda mundial.

4. Vida selvagem

A fauna bravia, como recurso, pode ser associada a animais domesticados pelo homem para vários fins: alimentação, fonte de energia mecânica, proteção, companhia do homem, valor espiritual e fonte de vários produtos. A fauna bravia desempenha um papel importante no consumo humano. 80% da carne consumida na África Ocidental provém do abate de animais selvagens.

Outros papéis desempenhados pela vida selvagem são :

- A pedofauna e os organismos escavadores escavam galerias que arejam o solo. As suas dejecções fertilizam o solo.
- Certos insectos são essenciais para a polinização e para o controlo biológico das doenças das culturas. Nos EUA, 99% das pragas de insectos são controladas pelos seus inimigos naturais (Pimentel et al., 1997). Cada inseto praga tem entre 10 e 15 insectos contra si.
- Nos pares, os animais são uma atração turística.
- Através da sua interação com as plantas, os animais desempenham um papel importante na germinação de certas espécies. No Parque Nacional de Kahuzi-Biega, Myrianthus holstii (uma das principais plantas consumidas pelos gorilas) germina depois de as sementes terem sido ingeridas por gorilas ou elefantes.
- Alguns espécimes são utilizados pelos jardins zoológicos para experiências biomédicas.
- Os animais são utilizados no circo.

Em conclusão, todos os recursos naturais são muito importantes. A água, o solo, a vegetação e a fauna não existem isoladamente, existindo uma complementaridade entre estes diferentes tipos de recursos naturais. A floresta desempenha um papel no ciclo da água e na regulação do clima. O clima favorece a formação dos solos. Os animais contribuem para a formação do solo e para a regeneração da floresta. O solo é o substrato para as plantas. Os diferentes tipos de recursos naturais devem, portanto, ser considerados em relação uns com os outros. Estes são os componentes dos ecossistemas. A conservação dos ecossistemas é, por conseguinte, uma excelente forma de conservar os recursos naturais.

M. Ecossistemas

A conservação dos recursos naturais exige que o biótopo e a biocenose associada sejam considerados como um todo funcional (sistema). O ecossistema ou ambiente natural é um sistema estrutural constituído por uma biocenose (conjunto de plantas, animais e outros organismos) e um biótopo (elementos não vivos do ambiente).

1. Tipos de ecossistema

IUCN (The World Conservation Union) et al (1991) definem 5 tipos de ecossistemas em relação ao impacto humano sobre estes ambientes

- **O ecossistema construído**: onde predominam edifícios, estradas, aeroportos, docas, barragens e outras infra-estruturas humanas. Esta categoria inclui também parques, jardins, campos de golfe e outros espaços verdes urbanos e suburbanos.
- **Ecossistema cultivado**: um ecossistema em que o impacto humano é maior do que o de qualquer outra espécie e em que a maior parte é cultivada.
- **Ecossistema degradado**: um ecossistema cuja diversidade e produtividade foram reduzidas a tal ponto que a sua regeneração exige esforços activos de reabilitação ou restauro.
- **Ecossistema modificado**: um ecossistema em que o impacto humano é maior do que o de qualquer outra espécie, mas cuja maior parte não é cultivada.
- **Ecossistema natural: um** ecossistema onde, desde a revolução industrial (cerca de 1750), o impacto humano (a) não foi maior do que o de outras espécies indígenas e (b) não afectou a estrutura do ecossistema.

2. Tipos de ecossistemas naturais

Há uma grande variedade de ambientes, habitados por plantas e animais. Existem ecossistemas terrestres e aquáticos.

- **Os ecossistemas terrestres** incluem as florestas (florestas tropicais, florestas boreais, florestas de galeria, florestas de bambu, etc.), as savanas, os desertos, etc.
- **Os ecossistemas aquáticos** incluem rios, lagos, mares e zonas húmidas (pântanos, pântanos, mangais, turfeiras, etc.). A água é o recurso natural predominante num ecossistema aquático. Cada tipo de ecossistema tem as suas próprias espécies caraterísticas. Nas florestas tropicais de montanha do Parque Nacional de Kahuzi-Biega (entre 900 e 2.300 m de altitude), um ecossistema terrestre, encontramos as espécies vegetais Albizzia gummifera, Parinari excelsum, chrystophyllum gorugosanum e as espécies animais Gorilla gorilla graueri, Loxodonta africana cyclotis. O lago Kivu, um ecossistema aquático, alberga 26 espécies de peixes (Basina, 2004).

A zona intermédia entre dois ecossistemas é designada por ecótono. Os ecótonos são geralmente mais ricos em indivíduos e espécies do que as biocenoses vizinhas. Por exemplo, as aves marinhas são especificamente mais diversificadas do que as do mar alto e da terra adjacente.

N. Funcionamento dos ecossistemas naturais

As relações alimentares desempenham um papel importante no funcionamento dos ecossistemas. O conceito de cadeia alimentar deve ser dominado para compreender o funcionamento dos ecossistemas.

A cadeia alimentar representa a lista de espécies vegetais ou animais na relação "tal e tal come tal e tal" ou "tal e tal é comido por tal e tal" (Muhigwa, 2001).

Existem 3 tipos de cadeias alimentares: a cadeia dos predadores (ou cadeia epígea), a cadeia dos parasitas e a cadeia dos decompositores.

A cadeia de predadores começa com as plantas clorofiladas, que são os produtores, e depois vêm os consumidores de primeira ordem, os herbívoros, que comem os produtores. Estes consumidores de primeira ordem são eles próprios comidos pelos consumidores de segunda ordem, os carnívoros. Esta é uma cadeia típica em que os componentes sucessivos são progressivamente maiores em tamanho mas mais pequenos em número.

Exemplo: Num lago, numerosas espécies de algas que se alimentam da energia solar e dos sais nutrientes em solução na água servem de alimento a diferentes espécies de crustáceos planctónicos, que por sua vez servem de presa a peixes que comem zooplâncton, que por sua vez são comidos por peixes carnívoros, que também são comidos pelos seres humanos.

A cadeia de parasitas vai desde os grandes animais até aos animais cada vez mais pequenos. Por exemplo, os abutres que se alimentam da carne de antílope deixada por um leão.

A cadeia de decompositores tem origem na matéria orgânica morta de plantas, animais e microrganismos. Os decompositores são conhecidos como bio-reductores. Esta matéria orgânica morta passa por fases de humificação e de mineralização por ação dos biorredutores (bactérias, fungos). A cadeia endogâmica participa na produtividade primária do ambiente, pois fornece aos produtores os elementos minerais indispensáveis ao seu crescimento.

N.B. Um animal pode pertencer a vários níveis tróficos diferentes. É o caso dos omnívoros, que comem tanto animais como plantas.

Nestas sucessões predador-predador, uma alteração num dos elos do ecossistema pode levar a uma redução da população de peixes planctívoros que atacam os predadores. A introdução, por exemplo, de um peixe carnívoro numa zona desprovida de peixes carnívoros pode levar a uma redução da população de peixes planctonívoros que se alimentam dos predadores. Os crustáceos planctónicos serão então sujeitos a uma predação significativa por parte dos peixes. O aumento do seu número aumentará a predação, o que reduzirá as unidades populacionais. O inverso também é verdadeiro: quando, por exemplo, um carnívoro é sobreexplorado e se torna raro num lago onde antes era abundante, os predadores aumentam em número e reduzem o zooplâncton, o que conduz obviamente a uma abundância de fitoplâncton.

Desta forma, foi possível demonstrar a existência de espécies-chave, que desempenham um papel mais importante do que outras e cujo desaparecimento teria múltiplas consequências (Leveque, 1994). É o caso de certas espécies que desempenham um papel determinante na polinização das plantas, de herbívoros e de predadores cuja presença assegura a coexistência de um grande número de espécies, controlando o desenvolvimento de espécies invasoras.

12 . Valor económico dos ecossistemas

Os ecossistemas prestam enormes serviços à humanidade. O valor monetário dos serviços ecossistémicos a nível mundial foi estimado numa média de 33 000 mil milhões de dólares americanos (Costanza et al., 1997). Nos Estados Unidos, o valor dos serviços prestados gratuitamente todos os anos pelos ecossistemas é de 319 mil milhões de dólares americanos (Pimentel et al., 1997).

Os serviços prestados pelos ecossistemas incluem a regulação do clima, a regulação dos gases, a regulação das perturbações, a regulação da água, o abastecimento de água, o controlo da erosão, a formação de solos, a fixação de azoto, o tratamento de resíduos, a polinização, o controlo biológico, o habitat, a produção de alimentos, as matérias-primas, os recursos genéticos, a recreação (turismo) e a cultura.

A lógica subjacente a estas estimativas baseia-se na intervenção do governo na ausência do serviço ecossistémico. Se o ecossistema que presta um serviço deixasse de existir, o Estado investiria dinheiro na prestação desse serviço. O facto de este serviço ser prestado gratuitamente significa que é menos uma despesa para o governo.

Os serviços ecossistémicos são muito caros. Investigadores americanos tentaram criar uma biosfera artificial de 3 km no Arizona, nos Estados Unidos. Esta biosfera funcionou, mas os seus serviços eram três vezes mais caros do que os da nossa biosfera natural.

É verdade que a conservação dos recursos naturais e dos ecossistemas é de importância vital para o nosso desenvolvimento. Infelizmente, esta importância não os protege da destruição.

O. Ameaças ao ecossistema

As principais ameaças aos recursos naturais e aos ecossistemas estão ligadas a factores naturais e antrópicos.

Os factores naturais incluem as alterações climáticas, os incêndios florestais (especialmente em ambientes boreais), as flutuações do nível da água dos oceanos, as erupções vulcânicas, os impactos de meteoritos e as doenças.

Exemplos de extinções de espécies devidas a fenómenos naturais (Lavoie, 1998)

No final do Cambriano (há 500 milhões de anos), ocorreu uma extinção de espécies. Pensa-se que terá sido causada pela deslocação do supercontinente Gondwana (tectónica de placas) em direção ao Pólo Sul, desencadeando uma glaciação prolongada durante a qual as espécies se extinguiram. A pior extinção de espécies ocorreu no Permiano (há 250 milhões de anos). Pensa-se que terá sido causada por erupções vulcânicas que lançaram mais de 2 milhões de quilómetros de lava para a superfície do planeta, criando uma gigantesca nuvem de poeira com consequências catastróficas. No período Cretáceo (há 65 milhões de anos), a colisão de meteoritos (objectos extraterrestres de grandes dimensões) com a Terra levou também à extinção de várias espécies.

No auge das eras glaciais, as áreas florestais foram significativamente reduzidas, restando apenas algumas regiões mais favorecidas, conhecidas como zonas de refúgio. Estas zonas de refúgio estão localizadas em ambientes tropicais, especialmente na América do Sul e em África.

As ameaças colocadas por factores naturais têm sido catastróficas. Atualmente, as ameaças provocadas pelo homem estão a causar enormes prejuízos aos ecossistemas e aos recursos naturais. A desflorestação tropical, a destruição da vida selvagem, a degradação dos solos e a poluição da água são apenas algumas das causas.

P. *Algumas ameaças aos recursos naturais decorrentes de factores antrópicos* :

1. Desflorestação tropical

Quando se trata de perdas recentes de biodiversidade à escala mundial, o fenómeno da desflorestação tropical é apontado como responsável por essas perdas (Lavoie, 1998). As florestas tropicais estão a ser destruídas em grande escala e a um ritmo acelerado. As florestas tropicais, que albergam mais de 50% de todas as espécies vivas, diminuíram consideravelmente ao longo do século XX. Estima-se que a desflorestação atinja 11 milhões de hectares por ano. A floresta tropical clara está a desaparecer.

A exploração madeireira, a agricultura de corte e queima e a procura de lenha são as principais causas da desflorestação tropical. Se, utilizando os métodos actuais, 2% dos caules lenhosos com um diâmetro à altura do peito superior a 10 cm forem extraídos de uma floresta tropical (parcela de ensaio de 300 m x 300 m), 26% das árvores da mesma categoria são danificadas, o coberto florestal é reduzido em mais de 50% e a maquinaria afecta 8% da superfície da floresta.

Q. As consequências da desflorestação são a transformação das florestas em savanas, a erosão dos solos, o desaparecimento de espécies e as alterações climáticas regionais:

1. Transformar uma floresta numa savana

Quando abandonadas, é difícil fazer com que as parcelas de floresta tropical voltem ao seu estado original, mesmo a longo prazo. Por exemplo, os 3,5 milhões de hectares de floresta tropical no leste da Amazónia que foram transformados em terras agrícolas e abandonados na primeira metade do século XX estão agora, mais de cinquenta anos depois, revegetados com espécies de gramíneas e arbustos. A erosão do solo, a perda de nutrientes através de queimadas e da agricultura intensiva, e a remoção de sementes de árvores são parcialmente responsáveis por esta situação (Buschbacher, 1986; Daily, 1995, citado por Lavoie, 1998).

2. Erosão dos solos

Os solos tropicais expostos degradam-se rápida e irreversivelmente, através da ferralitização, da oxidação e do aumento da erosão. Os solos degradados têm uma capacidade reduzida de reter a água, o que leva a inundações mais graves nas regiões ribeirinhas de rios que retiram a sua água de outras regiões desflorestadas (William, 1990: citado por Lavoie, 1998).

3. Desaparecimento de espécies

Calcula-se que, com uma taxa de desflorestação anual de 1% nas florestas tropicais do mundo, se perdem todos os anos entre 0,2 e 0,3% das espécies existentes nessas florestas. Se estimarmos, de forma conservadora, que existem cerca de 2 milhões de espécies nas florestas tropicais, isto significa a perda de entre 4.000 e 6.000 espécies. O desaparecimento maciço de espécies nos meios tropicais pode ter repercussões nos meios temperados e boreais. Por exemplo, as epidemias de vermes do abeto que afectam o leste do Canadá são controladas em parte pelos predadores desta espécie, as aves insectívoras que estão presentes durante o verão. Estas aves migram no outono para as regiões tropicais (principalmente a América Central e partes da América do Sul). Estima-se que o desaparecimento de 75% destas aves (em termos de número) levaria a uma redução acentuada da sua influência sobre as populações de gorgulho. As imagens de radar que captam os voos das aves migratórias sobre o Golfo do México indicam que a frequência desses voos diminuiu recentemente em 50%. Se a tendência se mantiver, as populações de aves poderão, num futuro próximo, estar a um nível precário, impedindo-as de controlar as populações de crisomelídeos, com consequências graves para a indústria florestal canadiana (Shuka et al. 1996; citado por Lavoie, 1998:144).

4. Alterações climáticas regionais

Os modelos prevêem geralmente um aumento da temperatura média anual entre 0,3 e 3,8°C, uma diminuição da precipitação total anual entre 220 e 640 mm e uma diminuição da evapotranspiração das plantas (entre 164 e 500 mm de água por ano). Na maioria das simulações, a diminuição da precipitação não é compensada pela diminuição da evapotranspiração, o que poderia resultar em estações secas mais longas. Estas estações secas dificultariam a recuperação da floresta, mesmo após o abandono (Shuka et al. 1990 citado por Lavoie, 1998).

R. A destruição da vida selvagem

Os bisontes americanos, que se estimavam em 75 milhões antes da chegada dos primeiros europeus, foram exterminados no século XIX; apenas alguns indivíduos permanecem em parques (Leveque, 1994). Em África, no Benim, o número de indivíduos de algumas espécies animais diminuiu entre 1978 e 1989: o búfalo, de 5.815 para 2.000; o hartebeest, de 4.030 para 1.300 e o waterbucks, de 1970 para 700 (Ofaumon, 1995). [2]Na RDC, na parte de grande altitude do Parque Nacional de Kahuzi-Biega (600 km), o número de gorilas diminuiu 50% e os 771 elefantes contados em 1996 quase desapareceram em 2000 (Inogwabini et al. 1996; WCS, 2000). No caso destes dois países, este facto deve-se à pressão da caça furtiva.

A fauna do Mar de Aral, no Cazaquistão, desapareceu quase por completo, nomeadamente quase todas as 24 espécies de peixes endémicas (Leveque, 1994). Este desaparecimento está ligado à poluição do lago.

A perca do Nilo Lates niloticus ("Zukolye"), um dos maiores peixes predadores de África, introduzida no Lago Vitória nos anos 50, é considerada uma das principais causas, juntamente com a pesca excessiva, da destruição de uma rica fauna endémica de várias centenas de espécies de pequenos peixes pertencentes à família dos ciclídeos (Leveque, 1994).

As principais causas da perda de vida selvagem são a destruição do habitat, técnicas de caça inadequadas, caça furtiva, poluição dos meios aquáticos, técnicas de pesca inadequadas e a introdução de espécies exóticas.

A perda de espécies selvagens provoca um desequilíbrio ecológico no ecossistema, com consequências nefastas para a economia. As perturbações na cadeia alimentar são susceptíveis de provocar a morte dos predadores das espécies extintas. As relações simbióticas entre os animais e as plantas podem quebrar-se, causando problemas na reprodução de certas espécies. Certos animais desempenham um papel vital na regeneração das plantas e no consumo de espécies invasoras. O seu desaparecimento levaria à proliferação dessas espécies invasoras e a regeneração diminuiria. O potencial genético da fauna selvagem pode ser utilizado para melhorar os animais domésticos. Muitos ensaios médicos são efectuados primeiro em animais antes de serem alargados aos seres humanos. Em termos económicos, a destruição de animais selvagens leva a uma perda de rendimentos provenientes da sua exploração e alimentação.

A perda de solo é um dos principais problemas que afectam a biosfera. Globalmente, estima-se que 0,7% do capital do solo do planeta se perde todos os anos (Leveque, 1994). Segundo Maldague (1997), previa-se que, no final do século XX, a superfície cultivada per capita teria diminuído 50%. Cerca de 600 milhões de hectares de terras aráveis terão sido afectados pela erosão dos solos, a salinização, o alagamento e a expansão urbana. Dos mais de 250 milhões de hectares de terras irrigadas no mundo, 10 milhões são abandonados todos os anos e metade destes estão condenados à salinização secundária.

a. Erosão

Define-se como a ação de remover por roer ou o resultado desta ação. Por extensão, a erosão é qualquer remoção de material rochoso ou de solo por agentes externos: água, vento, geada, glaciares, rios, mar, etc. Nos meios tropicais, distingue-se geralmente entre erosão hídrica (erosão pluvial) e erosão eólica (erosão eólica). Nos meios desérticos, predomina a erosão eólica. Nos nossos ambientes, floresta tropical e savana, a erosão pela água é comum. Existem 4 fases no processo de erosão hídrica (Maldague, 1997).

- ***Queda*** de água (abalroamento e danificação do solo pela água).

Esta fase pode ser descrita como "erosão por salpicos". Esta fase caracteriza-se pela projeção de pequenas partículas de solo para o ar. Esta projeção leva à desagregação dos grumos que constituem o solo e que são responsáveis pela sua estrutura. A destruição dos agregados será tanto mais rápida e intensa quanto pior for a estrutura do solo, ou seja, quanto menos aglutinantes [importância da matéria orgânica] houver entre as partículas elementares.

- ***Erosão em lençol***

A erosão em lençol consiste na remoção das partículas do solo pela água que corre sobre toda a superfície do solo. No caso de um solo desnudado, quando chove, as gotas, após terem atingido o solo com uma força mais ou menos considerável, começam por se infiltrar, mas esta infiltração é rapidamente seguida de uma fase de escoamento que provoca o deslocamento das partículas do solo. Se houver o mínimo declive, a corrente cria uma pressão que rompe os agregados do solo; as partículas constituintes são arrastadas e transportadas pela água de escoamento para os cursos de água, onde a água se torna turva e adquire uma tonalidade amarela ou castanha, consoante a natureza das partículas em suspensão. A turvação é o resultado da poluição física da água por matéria sólida, que reduz o nível de oxigénio dissolvido. A erosão em lençol é devida a um escoamento generalizado sobre toda a superfície do solo.

- ***Erosão em ravinas***

Sob o efeito do declive, as gotas de água formam redes, depois pequenos riachos que descem o declive, escavando o solo e fazendo pequenos sulcos: Nesta fase, formam-se sulcos, ravinas e ravinamentos que provocam o desprendimento da camada superior do solo nas encostas. São arrastados os elementos finos, as cinzas, os sais solúveis e os detritos orgânicos. O resultado é uma lixiviação intensa.

- ***Escavação da erosão***

Na base das encostas, onde a água lamacenta adquiriu energia suficiente, abre largas fendas no solo: é a erosão de escavação que se caracteriza pela formação de ravinas.

No caso de um curso de água, a erosão das margens é mais intensa no lado côncavo - onde a velocidade da água é maior - do que no lado convexo. Neste caso, cada vez que há uma cheia, torrões de terra, por vezes até secções inteiras da margem ou pedregulhos, são arrastados e caem no leito do rio.

Os principais factores que influenciam a erosão do lençol são (Clibbon, 1997) :

- o gradiente do declive, ou seja, a sua inclinação em relação à horizontal, e o seu comprimento;
- a natureza da superfície tográfica e, nomeadamente, a sua rugosidade (presença de obstáculos ao escoamento)
- a distribuição no tempo dos aguaceiros, que contribuem para um escoamento mais concentrado; também a intensidade e a duração da precipitação;
- o tipo de escoamento das águas subterrâneas (fluxo laminar ou turbulento);
- a taxa de infiltração da água no solo. Esta depende sobretudo das caraterísticas físicas do solo, nomeadamente da espessura e da permeabilidade do horizonte A;
- incêndios repetidos, que consomem o húmus ;
- a utilização atual do solo e, em especial, a natureza, a densidade e a continuidade do coberto vegetal durante os períodos de precipitação.

A probabilidade de erosão torna-se muito elevada quando estão presentes pelo menos dois dos três factores de risco: desflorestação, estrutura instável e declive acentuado. A maior causa de erosão é a desflorestação: o solo que não está protegido por um coberto vegetal é rapidamente erodido. As experiências efectuadas na Guiana Francesa entre 1979 e 1987 mostram que :

- Numa floresta, a estabilidade do solo é elevada e a erosão é baixa (50 a 70 kg/ha/ano);
- a limpeza mecânica multiplica o transporte do solo através da erosão (Quadro 1).

Efeito da desflorestação na erosão do solo

Método de desflorestação	Escoamento (em mm)	Erosão chão em toneladas/ha
Broca de controlo	0,0	0,00
Tradicional	6,6	0,02
Manual	47,7	5,00
Corte livre	104,8	4,80
Mecanizado (para empurrar e puxar árvores)	250,3	20,00

Fonte: Lal (1990, citado por Robert, 1996: 91)

Outras causas de erosão são :

- **Compactação**

A mecanização agrícola provoca o desaparecimento dos poros do solo. Isto torna o solo impermeável, favorecendo o escoamento superficial.

- **Sobrepaturação**

Quando a capacidade de carga de uma parcela de terra é excedida devido a uma densidade muito elevada de animais domésticos ou selvagens, há um pastoreio e pisoteio excessivos. Isto leva à perda de cobertura vegetal e à compactação do solo.

- **Técnicas agrícolas inadequadas**

Lavrar na direção do declive e queimar, por exemplo.

b. Salinização dos solos

Diz-se que um solo está sujo quando a sua concentração de sais ultrapassa 500 mg/l (Robert, 1996). Distingue-se entre salinização natural (primária) e salinização antropogénica (secundária), geralmente ligada à irrigação,

A salinização primária está ligada a uma fonte natural específica de sais, que pode ser o mar ou o oceano, mas também as rochas salinas e, por vezes, a alteração das rochas e o vulcanismo. A partir da fonte, os sais como os cloretos (Na, K, Ca, Mg) ou os sulfatos (Na, Ca, Mg), muito ou pouco solúveis, respetivamente, podem deslocar-se e contaminar as águas subterrâneas e os solos.

A salinização secundária está ligada à atividade humana, principalmente à irrigação. A irrigação é uma prática comum nas regiões áridas e semi-áridas onde a água é o fator limitante para as culturas. As causas da salinização secundária correspondem a mecanismos geoquímicos simples. De facto, mesmo que a irrigação seja inicialmente efectuada com água com baixo teor de sais (< 500 mg/l), os elevados níveis de evaporação e sobretudo de evapotranspiração das culturas nas zonas áridas conduzem a concentrações de sais nas zonas superficiais do solo. Se irrigarmos com quantidades de água que excedam significativamente os valores de evapotranspiração, os riscos são a salinização e a subida do lençol freático no perfil do solo.

c. Urbanização

A urbanização cobre o solo (das cidades) com estradas, caminhos-de-ferro, aeródromos, instalações industriais e pavimentos mais ou menos impermeáveis. [2]Estima-se que mais de um milhão de quilómetros da superfície urbana mundial esteja assim privada da infiltração das águas pluviais (Basabose, 1999). Esta perda de água provoca a secagem dos solos.

As consequências da degradação do solo podem ser catastróficas para a humanidade. Do ponto de vista económico, uma vez que o solo é o principal recurso natural para a agricultura, a redução das terras aráveis está a provocar a escassez de alimentos para uma população humana em constante crescimento. Os solos sujos são impróprios para o cultivo. Os sais exercem um elevado nível de stress sobre as plantas, que pode estar ligado a uma pressão osmótica elevada e, por conseguinte, a uma menor disponibilidade de água (correspondente a uma atividade hídrica reduzida) ou à toxicidade direta dos sais (efeitos fisiológicos do sódio nas plantas). A salinidade desestabiliza os solos, favorecendo a dispersão das argilas.

Há provas de que os fenómenos de salinização ligados à irrigação podem ter desempenhado um papel na deslocação geográfica ou no declínio das civilizações pré-históricas mesopotâmicas e egípcias (Robert, 1996).

A erosão pode, por vezes, reduzir consideravelmente a capacidade das albufeiras, tornando inútil a construção de barragens. A sedimentação devida à erosão dos solos é a doença mortal das barragens >> (Maldague, 1997).

Em termos ecológicos, a degradação do solo significa a destruição dos organismos e das espécies que nele vivem ou que o utilizam como substrato. Em consequência da erosão do solo, a água é poluída, ameaçando a fauna e a flora aquáticas.

S. Poluição da água

A água está poluída quando contém impurezas que prejudicam a utilização do recurso. As impurezas na água são representadas por matéria em suspensão e matéria dissolvida. Existem dois tipos de poluição da água: a poluição difusa e a poluição pontual.

a. Poluição de fontes não pontuais

A poluição difusa é um grupo de poluições cuja fonte não é facilmente identificável ou perene, mas cuja soma pode ter consequências desastrosas (Rodriguez, 1997). A poluição difusa está geralmente ligada às actividades agrícolas. Mas também se encontra nas cidades. Afecta as águas superficiais (rios, lagos e mares) e as águas subterrâneas.

V. Os factores antropogénicos que aceleram a poluição difusa são :

- escoamento agrícola, que transporta nitratos e fosfatos;
- as escorrências urbanas, que transportam nitratos, fosfatos e elementos inorgânicos; - os aterros sanitários, a partir dos quais as substâncias se infiltram no lençol freático;
- a erosão, que conduz à sedimentação das massas de água e ao aporte de nutrientes; - a poluição atmosférica por minerais;
- actividades recreativas, por hidrocarbonetos e fumos.

Os fertilizantes naturais (estrume, chorume, composto), os fertilizantes químicos (N-P-K) e os pesticidas são as principais fontes de poluição difusa.

Poluição das águas superficiais

- Os fosfatos são um problema nas águas de superfície. O fósforo na água, especialmente na água estagnada do lago, favorece a proliferação de algas e um grande desenvolvimento de bactérias cuja atividade reduz o oxigénio, resultando numa escassez de oxigénio no lago. Este fenómeno é conhecido como eutrofização >>.

A eutrofização é um fenómeno natural em que os ecossistemas aquáticos envelhecem. Normalmente, os ecossistemas de água doce são pobres em nutrientes no início da sua existência. Ao longo de dezenas de milhares de anos de acumulação de nutrientes

provenientes da terra circundante, tornam-se progressivamente mais ricos.
Em resultado da atividade humana, a descarga de fertilizantes azotados e fosfatados está a eutrofizar rapidamente os ecossistemas.
A eutrofia é a fase quase terminal da vida de um lago. Os lagos eutróficos são frequentemente lagos pouco profundos. A água dos lagos eutróficos é muito rica em nutrientes. O fitoplâncton é muito abundante na camada superficial. Os crescimentos excessivos de algas (nuvens) são frequentes e a flora litoral é abundante e densa. O fundo é constituído por substâncias putrescíveis. Verifica-se frequentemente um défice prolongado de oxigénio dissolvido nas camadas inferiores do hipolimnion. A fauna das camadas profundas é pobre em espécies, uma vez que os peixes não podem frequentar esta zona de baixo oxigénio. Nestas condições de anorexia, as espécies que necessitam de oxigénio para viver, especialmente os peixes, morrem por asfixia. Foi assim que mais de 266 espécies de peixes desapareceram na Malásia (Leveque, 1994).

Poluição das águas subterrâneas

Os nitratos são a principal causa da poluição das águas subterrâneas. Quando são aplicados em campos de solos permeáveis, os nitratos não utilizados pelas culturas infiltram-se através dos poros no aquífero. O excesso de nitratos na água pode causar envenenamento em seres humanos e animais. O envenenamento por nitratos leva ao aborto dos poros. Quando as águas subterrâneas estão poluídas, têm de ser abandonadas porque ainda ninguém foi capaz de as limpar (Rodriguez, 1997).
Os maiores problemas de poluição difusa provêm dos pesticidas. O DDT (dicloro-difenil-tricloretano) utilizado na agricultura acumula-se nos organismos ao longo da cadeia trófica, alterando a sua fisiologia e pondo em perigo a sua sobrevivência devido aos seus efeitos tóxicos. Foi assim que as baleias beluga, cetáceos do Golfo de São Lourenço, no Canadá, ficaram estéreis durante vários anos.

Poluição de origem pontual

A poluição difusa está geralmente ligada a actividades agrícolas e a fonte é difusa, o que torna difícil a sua deteção. A poluição pontual resulta da descarga direta de um contaminante na água. A fonte pode ser identificada. A poluição pontual é essencialmente urbana.
As fontes de poluição pontual são os efluentes de fábricas, indústrias e residências. A poluição vem dos esgotos.
A poluição difusa introduz na água substâncias inorgânicas, tais como elementos finos (alumínio, zinco, cobre, etc.), que são perigosos para a vida aquática e para a água potável. Além disso, os resíduos líquidos ou sólidos transportados pelas águas residuais estão carregados de microrganismos patogénicos (bactérias, por exemplo) que afectam as utilizações recreativas.
A poluição por hidrocarbonetos no meio marinho é muito importante. Estima-se que, todos os anos, 600 000 toneladas de hidrocarbonetos de várias origens são descarregadas nos oceanos (Leveque, 1994). Estes acidentes, que provocam marés negras, conduzem à morte de animais.

Estudo de caso: a costa do Lago Kivu

Basima (2001) efectuou uma caraterização física e biótica da linha costeira do Lago Kivu, bacia de Bukavu, zona ocidental. O sítio estudado situava-se entre o rio Bwindi e a baía de Ndendere. Resultados. Os rios Bwindi, Chula e Wesha transportam frequentemente lama. O rio Kawa transporta uma grande quantidade de resíduos urbanos e de esgotos. Durante as chuvas intensas, devido à quantidade de lama arrastada, a água apresenta uma cor castanha até 300 m da costa e 100 m ao longo da costa a oeste. 20 dos sítios estudados situam-se entre os campos de onde provêm os solos que sedimentam a costa. Sete locais de forte declive estão completamente desnudados. As margens estão afectadas por desmoronamentos. A presença de sedimentos é mais importante nas encostas íngremes do que nas encostas suaves. Existe uma correlação negativa entre a presença de peixes e de sedimentos. Existe uma correlação positiva entre o lodo e a erosão. O lodo cobre os locais de desova dos peixes e perturba os territórios dos peixes costeiros.

W . Ameaças aos recursos naturais decorrentes dos efeitos globais da degradação ambiental

Os efeitos globais da degradação ambiental são o efeito de estufa, a diminuição da camada de ozono e as chuvas ácidas.

1 O efeito de estufa

A atmosfera desempenha em relação à Terra o mesmo papel que uma vidraça numa estufa (Leveque, 1994): a luz atravessa a vidraça e aquece o interior da estufa, que por sua vez emite radiação infravermelha. Como a radiação infravermelha não consegue penetrar no vidro, o calor fica retido e a temperatura no interior da estufa aumenta. Da mesma forma, o solo que recebe os raios solares emite radiação infravermelha, cerca de 40% da qual é interceptada pelos chamados gases com efeito de estufa presentes em forma de vestígios na atmosfera, enquanto a restante é dissipada no espaço. Estes gases, como o dióxido de carbono, o metano e os CFC, desempenham um papel vital no equilíbrio climático atual, pois contribuem para o aquecimento significativo da superfície do nosso planeta, tornando a vida possível. Sem eles, a temperatura média global seria de -18°C em vez dos actuais +15°C. Mas o seu aumento excessivo também pode ter o efeito contrário. O aumento dos gases com efeito de estufa na atmosfera já é responsável por um aquecimento global estimado em 0,5°C desde 1880. Se o aumento da concentração de gases com efeito de estufa continuar, a temperatura média global poderá aumentar 4 a 5°C no espaço de um século.

O aquecimento da água do mar pode ser o principal fator responsável pelo branqueamento dos corais que se observa em todo o mundo desde o início dos anos 1980. Este fenómeno, muitas vezes fatal, corresponde à perda de organismos coloridos, as zooxantelas, que vivem em simbiose com os corais. O aquecimento devido ao efeito de estufa pode alterar a localização dos grandes ecossistemas, como aconteceu durante o último ciclo de aquecimento glaciar.

A utilização de combustíveis fósseis (carvão, gás natural, petróleo) e a destruição das florestas, nomeadamente de grandes áreas de florestas tropicais, são as principais causas do aumento do CO e da sua acumulação na atmosfera. Em 1988, foram adicionadas à atmosfera 5,5 mil milhões de toneladas de CO2, e entre 0,4 e 2,5 mil milhões de toneladas adicionais devido à desflorestação (Maldague, 1997).

2 . A diminuição da camada de ozono (Villeneuve, 1998)

O ozono é uma forma molecular particularmente instável do oxigénio (fórmula: O). É um gás que se encontra na estratosfera, uma camada da atmosfera situada entre 35 e 55 km acima do solo. O ozono actua como um filtro para a radiação ultravioleta na atmosfera superior, absorvendo a radiação ultravioleta (UV), o que permitiu a colonização do ambiente terrestre pelos organismos. Desde 1969, a camada de O que costumava proteger a Terra diminuiu cerca de 4%. Pior ainda, desde 1985 que se nota a formação de um buraco na camada O sobre o continente antártico na primavera (abril-maio). Este buraco é maior do que os EUA e mais profundo do que o Monte Evereste (8,8 km), e corresponde à perda de quase 50% do O presente na estratosfera sobre o continente.

A destruição da camada de ozono resulta da reação do ozono com os clorofluorocarbonetos

(CFC). Os CFC são libertados por fábricas, automóveis, incineradoras e equipamentos de refrigeração. Não se decompõem na troposfera e migram lentamente para a estratosfera. Na estratosfera, dispersam-se e decompõem-se sob a ação da luz solar em moléculas individuais de cloro. O cloro reage com o ozono e destrói-o (o) + cl Oz+ clo). A penetração dos raios ultravioletas na atmosfera tem consequências nefastas para o homem, as plantas e os animais. Prevê-se que cada 1% de redução da espessura da camada de ozono implique um aumento de 4 a 6% dos casos de cancro da pele (registam-se 600.000 casos por ano nos EUA) e um número de mortes de 100 a 500 entre os americanos brancos. Ao contrário do cancro da pele, que só afecta os brancos, o enfraquecimento do sistema imunitário pode afetar todas as raças. Fala-se também de um enorme aumento das cataratas, a opacidade da córnea que pode levar à cegueira. Uma grande parte das plantas domésticas utilizadas na agricultura é sensível aos raios ultravioleta. Uma redução de 25% na camada de ozono provocaria uma quebra de 25% na produção de soja.

A flora e a fauna também são afectadas. Experiências realizadas com um tipo de alga microscópica que faz parte do fitoplâncton mostram que a sua produção diminuiria 35% no caso de uma redução de 25% da camada de ozono. Esta redução seria catastrófica para os ecossistemas aquáticos, uma vez que o fitoplâncton constitui a base das cadeias alimentares marinhas. O aumento da luz ultravioleta poderia ameaçar significativamente o desenvolvimento de muitas espécies de peixes e crustáceos marinhos.

3 Chuva ácida

Ao serem transportados pelo ar, os dióxidos de enxofre (SO2) e de azoto (NOx) e os hidrocarbonetos voláteis (provenientes da combustão de combustíveis fósseis) formam ácido sulfúrico, ácido nítrico, sais de amónio e ozono. Estas substâncias precipitam-se, por vezes a grandes distâncias do seu ponto de emissão, sob a forma de partículas secas ou dissolvem-se na chuva, na neve, no nevoeiro e nos juncos, formando precipitações ácidas (Maldague, 1997).

A precipitação ácida e o derretimento repentino da neve ácida tiveram um grande impacto na fauna de lagos e rios na América do Norte e no norte da Europa (Clibbon. 1997). Descobriu-se empiricamente que, quando o pH de um lago desce para 5,5, a maior parte da fauna ictiológica (por exemplo, os peixes) está geralmente em perigo, principalmente devido aos problemas que isso causa à reprodução. Quando o pH é inferior a 5, a maior parte dos peixes não consegue sobreviver (Stokes, 1988; citado por Clibbon, 1997). Abaixo do pH 4,5, todas as espécies de peixes desaparecem; em geral, as águas com um pH >9 também não são propícias ao desenvolvimento dos peixes (Vaillancourt, 1968; citado por Clibbon, 1997). [3]No final de 1985, cerca de 7 milhões de hectares (70.000 km) de florestas de 15 países europeus foram afectados, em graus variáveis, pelas chuvas ácidas (Maldague, 1997). A deposição ácida afecta as florestas quer diretamente, ao afetar a folhagem, quer indiretamente, ao alterar as propriedades do solo de onde as árvores retiram os elementos de que necessitam para crescer. Na Europa, mais de 5 milhões de hectares estão ameaçados pelas chuvas ácidas.

A chuva ácida causa danos em propriedades e infra-estruturas porque a água ácida é corrosiva e erosiva.

Efeitos da chuva ácida

A região das Montanhas Adirondack, no norte do estado de Nova Iorque, é densamente arborizada e pontilhada de lagos. Encontra-se no caminho dos ventos do vale do rio Ohio, fortemente industrializado. É uma verdadeira fonte de precipitação ácida. Na década de 1930, o pH médio dos lagos Adirondack acima dos 600 m era de 6,5, com apenas 4% dos lagos a terem um pH de 5. Em 1975, 51% dos lagos tinham um pH <5. Durante este período de cerca de 40 anos, foram exterminadas populações inteiras de trutas de ribeira, trutas do lago, otários brancos, cabeças de touro castanhas e outras espécies (Clibbon, 1997).

- Em consequência das chuvas ácidas provenientes da Alemanha e do Reino Unido, mais de 6.500 lagos da Suécia e da Noruega deixaram de conter peixes e 200 lagos e rios da província de Ontário (Canadá) morreram (Clibbon, 1997).

As actuais ameaças aos recursos naturais e aos ecossistemas resultam geralmente da atividade humana. Cabe à humanidade limitar estas ameaças através de medidas de conservação.

W. Classificação das zonas protegidas

Existem dez categorias de áreas protegidas e de reservas da biosfera (Maldague, 1997; Lavoie 1998).

Categoria I: reservas ecológicas rigorosas

Território que contém ecossistemas notáveis, frágeis ou únicos, nos quais a intervenção humana é proibida (incluindo o turismo), com o objetivo de manter os vários processos naturais que regem estes ecossistemas na sua totalidade. A investigação científica é uma das principais razões para a criação deste tipo de reserva.

Categoria II: Parques nacionais

Territórios geralmente muito extensos, onde os ecossistemas aí existentes são notáveis e não foram perturbados pela atividade humana (pelo menos, após a criação do parque). São permitidas actividades turísticas e recreativas ligeiras. A função educativa é geralmente muito importante. Certas zonas dos parques nacionais podem ser objeto de uma proteção rigorosa, a fim de conservar integralmente habitats muito sensíveis.

Categoria III: monumentos nacionais

Territórios que protegem uma caraterística natural muito especial. Estas zonas são frequentemente pequenas e atraem muito turismo.

Categoria IV: refúgios de vida selvagem

Áreas de grande importância local, regional, nacional ou global para a conservação da vida selvagem. Em geral, os habitats nos refúgios de vida selvagem estão sujeitos a determinados ajustamentos para favorecer as espécies-alvo.

Categoria V: paisagens protegidas

Esta categoria inclui uma grande variedade de paisagens naturais que foram mais ou menos alteradas pelo homem e que são conservadas, em diferentes graus, para fins estéticos (promoção do turismo) e para servir de testemunho da utilização harmoniosa dos recursos naturais.

Categoria VI : Reservas de parques

Territórios, geralmente extensos e mais ou menos habitados, para os quais ainda não foi concedida uma designação oficial ou que ainda não está em vigor. Trata-se frequentemente de zonas com um valor ecológico presumivelmente elevado, mas para as quais não existem dados biofísicos suficientes que o justifiquem.

Categoria VII : Reservas antropológicas

Territórios criados para proteger o modo de vida tradicional de determinadas sociedades humanas. Na maioria dos casos, trata-se de grupos autóctones que, devido ao seu reduzido número, têm pouca influência no seu ambiente. A criação deste tipo de reserva é, por conseguinte, geralmente benéfica para a flora e a fauna locais.

Categoria VIII: zonas ajardinadas de utilização múltipla

Territórios onde é permitida a extração de recursos naturais (madeira, vida selvagem), mas onde são impostas certas restrições a fim de gerir os recursos de forma sustentável.

Categoria IX: Reservas da biosfera

As reservas da biosfera são designadas em todo o mundo com o objetivo de desenvolver uma rede de áreas representativas da diversidade natural do planeta, onde as actividades humanas são compatíveis com os objectivos de conservação da natureza e de desenvolvimento sustentável. As reservas da biosfera são reconhecidas internacionalmente como parte do programa Homem e Biosfera (MAB) da UNESCO. Foram concebidas para responder à questão: "Como conciliar a conservação da diversidade biológica, a procura do desenvolvimento económico e social e a manutenção dos valores culturais associados" (UNESCO, 1996). Em termos práticos, uma reserva da biosfera deve conter três elementos.

"Uma ou mais zonas nucleares com proteção a longo prazo para a conservação da diversidade biológica, a monitorização dos ecossistemas menos perturbados e a investigação e outras actividades pouco perturbadoras (por exemplo, educação), uma zona tampão bem identificada, normalmente circundante ou adjacente às zonas nucleares, utilizada para actividades de cooperação compatíveis com práticas ecologicamente sustentáveis, incluindo a educação ambiental, recreio, ecoturismo e investigação aplicada e fundamental, e uma zona de transição flexível (ou zona de cooperação), que pode incluir uma série de actividades agrícolas, assentamentos humanos ou outras operações, e na qual as comunidades locais, as agências de gestão, os cientistas, as organizações não governamentais, os grupos culturais, os interesses económicos e outros parceiros trabalham em conjunto para gerir e desenvolver os recursos da zona de uma forma sustentável".

O elemento essencial das reservas da biosfera é a ligação entre a conservação da biodiversidade e as necessidades de desenvolvimento das comunidades locais. Este facto foi reconhecido em Caracas, Venezuela, em fevereiro de 1992, por planeadores e gestores de áreas protegidas de todo o mundo como um fator-chave na gestão da maioria dos parques nacionais, reservas naturais e outras áreas protegidas.

Categoria X: Sítios do Património Mundial Natural

Estes sítios são concebidos para realçar o valor excecional e universal das caraterísticas naturais que contêm.

Número e dimensão dos parques a nível mundial

^{2}Em 1989, a superfície total dos territórios protegidos era de 4 850 000 km, representando 3,2% da superfície terrestre. No entanto, apenas 2% da superfície terrestre mundial é preservada em reservas ecológicas rigorosas ou em parques nacionais. Além disso, se excluirmos o enorme parque da Gronelândia, que, por si só, cobre 700.000 km2 , apenas 1,6% da superfície terrestre mundial está efetivamente protegida (Primack 1993, citado por Lavoie, 1998). De acordo com Caughley e Gunn (1996: citado por Lavoie, 1998), 8.500 áreas com mais de 1.000 ha, cobrindo 5,2% da superfície terrestre, estão protegidas.

Critérios para a criação de reservas

Precariedade: Uma espécie vulnerável, ameaçada ou em perigo de extinção deve ter maior prioridade de conservação do que uma espécie cujas populações são saudáveis. Da mesma forma, uma comunidade biológica em perigo iminente de destruição deve ter prioridade de proteção.

Utilidade: as espécies ou comunidades biológicas com um valor apreciável para as populações humanas circundantes devem ser protegidas antes das que têm apenas um valor relativo.

Critérios para a criação de uma rede de reservas

Complementaridade: qualquer reserva acrescentada a uma rede existente deve ser complementar das outras reservas da rede. A complementaridade está estreitamente associada à noção de eficiência (E), que pode ser expressa pela fórmula E = 1- (x/t), em que "x" é o número de sítios ou a área necessária para atingir um objetivo de conservação específico e "t" é o número total de sítios potenciais ou a área potencial total onde poderiam ser aplicadas medidas de conservação. Um valor de eficiência elevado corresponde a uma rede de sítios que se complementam muito bem (têm poucos pontos em comum).

Flexibilidade: um bom gestor deve dispor de vários cenários alternativos na elaboração da sua rede de reservas, caso o cenário "mais ecológico" não seja aceitável de um ponto de vista político, social ou económico.

Insubstituibilidade: quando o gestor propõe vários cenários para a criação de reservas, certos sítios são mencionados em quase todas as propostas com uma ordem de prioridade maior ou menor. Quanto mais um sítio é proposto, maior é a sua "insubstituibilidade"; por outras palavras, contribui mais do que os outros sítios para o objetivo de criação das reservas. Por conseguinte, é aconselhável escolher, de entre os cenários propostos, apenas aqueles que contêm todos os sítios "insubstituíveis" (ou, pelo menos, uma boa parte deles).

Por outro lado, existem duas abordagens que podem ser utilizadas para melhorar ou alargar uma rede de reserva: a abordagem de lacunas e a abordagem de pontos de acesso.

A abordagem das lacunas para selecionar locais potenciais para conservação funciona através da sobreposição de mapas, cada um mostrando uma caraterística muito específica da área em estudo. Neste exemplo, são sobrepostos um mapa de comunidades vegetais, outro de comunidades animais e um terceiro que mostra as reservas existentes. A sobreposição dos mapas mostra as "lacunas" na proteção das terras de acordo com as caraterísticas estudadas. Este método é particularmente eficaz para destacar as necessidades de proteção dos ecossistemas. Esta abordagem coloca uma ênfase particular na questão da complementaridade (Scott et al. 1991; Primack, 1993; citado por Lavoie, 1998).

A abordagem dos hotspots dá prioridade, ao selecionar sítios para conservação, a áreas onde a diversidade biológica e o endemismo são muito elevados e onde a ação de proteção é urgente (destruição iminente). Utilizando este método à escala mundial, podemos identificar 12 hotspots nas florestas tropicais (A) e 8 hotspots noutras partes do mundo (B). Esta abordagem sublinha a questão da insubstituibilidade. Por outro lado, não dá peso suficiente, pelo menos à escala global, à questão da complementaridade (Myers 1988, 1991; Primack, 1993; Schmidt 1996; citado por Lavoie, 1998).

Conceção da reserva

Quando ocorre uma perturbação num sistema ecológico equilibrado, este acaba por regressar ao seu estado original. Do ponto de vista da conservação, isto significa que uma unidade natural pode ser mantida numa reserva desde que esteja protegida da influência humana. No modelo de não-equilíbrio, a mesma perturbação pode alterar completamente o estado do sistema ecológico em questão, sem que haja retorno ao estado original. Este modelo implica que uma reserva natural não funciona isoladamente do seu ambiente imediato e que pode ser muito e irreversivelmente influenciada pelas perturbações que a afectam (Meffe e Carroll 1994; citados por Lavoie, 1998).

Tamanho da reserva

As grandes reservas naturais contêm maiores populações de cada espécie do que as reservas mais pequenas. Apenas as reservas naturais muito grandes podem conter populações viáveis de grandes vertebrados.

[2]Na América do Norte, Meffe e Carroll (1994; citados por Lavoie, 1998) observaram que os pequenos pares (1.000 km) não são suficientemente grandes para suportar populações de grandes vertebrados, tornando mais provável a extinção destes últimos. De facto, a maior parte dos parques actuais não pode suportar, por si só, populações de grandes mamíferos. Estima-se que apenas entre 0 e 22% dos pares do mundo são capazes de suportar grandes carnívoros mamíferos (10-100 kg) durante um período de mais de 100 anos, e que nenhum parque pode suportar estes carnívoros durante um período de mais de 1.000 anos.

Newmark (1996) observou os parques nacionais da Tanzânia (ANP: Arusha; KNP: Kilimanjaro; LMNP: Lago Manyara; RNP: Ruaha; SNP/NCA: Serengeti e Ngorongoro; TNP: Tarangire) e a utilização das terras adjacentes a estes parques. Seis espécies de grandes mamíferos desapareceram dos pequenos parques (2.600 km2) (ANP, KNP, LMNP e TNP) desde a sua criação entre 35 e 83 anos atrás, enquanto que nenhuma espécie desapareceu dos parques muito grandes da Tanzânia (RNP e SNP/NCA: 13.000 a 23.000 km2) nos 50 anos da sua existência.

Forma de uma reserva

A reserva linear não possui efetivamente uma zona central, ou seja, uma zona situada a uma distância suficiente dos limites da reserva para que não seja influenciada por agentes perturbadores do exterior. Por outro lado, a reserva circular, que tem a mesma superfície que a reserva linear, tem uma verdadeira zona núcleo. As espécies típicas das zonas centrais podem, por conseguinte, sobreviver nesta reserva, o que não é o caso da reserva linear. Note-se, no entanto, que a reserva linear será pouco afetada pela perda de uma parte do seu território, ao contrário da reserva circular, que perderá uma parte substancial da sua zona núcleo.

Área de terreno a preservar no seu estado natural

O relatório Brundtland foi modesto. Recomendava que cada nação reservasse 12% do seu território para áreas protegidas (N.B.: a RDC preserva apenas 10% do seu território e o objetivo é 15%). A proposta de 12% não tem qualquer base científica. Não há, portanto, qualquer razão para acreditar que, preservando 12% do território, os objectivos de conservação serão atingidos, quando o desenvolvimento prossegue intensamente nas zonas periféricas.

Um número limitado de estudos tentou determinar que espaço representa todos os tipos de ecossistemas ou espécies de uma região em áreas protegidas. Em

1 Globalmente, Noss (1996; citado por Lavoie, 1998) estima que entre 25% e 75% (em média 50%) da superfície de uma região precisa de ser protegida para atingir os objectivos de conservação; aqui, proteção >> não significa não desenvolvimento.

Dois modelos de gestão dos recursos naturais

Durante os anos 60 e 70, surgiram dois modelos: o modelo exclusivo e o modelo inclusivo.

O modelo exclusivo preconiza a intervenção do Estado na gestão dos recursos naturais. Os defensores do modelo exclusivo, Hardin e Ophulus (1968; citados por Ofoumon, 1995), opunham-se à gestão conjunta dos recursos naturais. Argumentavam que os recursos naturais se deteriorariam se os indivíduos cooperassem na sua gestão. Os indivíduos têm relutância em preservar os recursos naturais; deve haver um constrangimento para que os indivíduos salvaguardem os recursos naturais. É o Estado que é capaz de administrar uma dose suficiente de constrangimento. Para que a ruína seja banida, num mundo propenso à destruição, a população deve ser reprimida por uma força externa que não tenha em conta o seu estado psicológico. Para cumprir essa missão, é necessário um governo de ferro, talvez mesmo militar, que faça tudo o que estiver ao seu alcance para controlar os problemas ecológicos. O modelo exclusivo baseado no protecionismo foi aplicado nos Estados Unidos e a maior parte dos parques nacionais da África subsariana foram criados de acordo com este modelo (Wells et al., 1992, Newmark 2000; Kramer et al., 1998).

Infelizmente, está a tornar-se cada vez mais claro que este modelo, por si só, não pode garantir a conservação da biodiversidade a longo prazo. Isto é particularmente verdade em África, onde a maioria das pessoas que vivem em zonas de enclave em torno de áreas protegidas são pobres e exploram os recursos naturais como base para a sua sobrevivência (Haeckel, 1999).

O modelo inclusivo defende a participação na gestão dos recursos naturais. As áreas protegidas prosperarão se e só se forem apoiadas pelo público, pelo sector privado e pelas agências governamentais (McNeely, 1995). Desde meados da década de 1980, o modelo inclusivo tem sido aplicado nos países em desenvolvimento. Embora a sua aplicação remonte à década de 1950, as reservas da biosfera do programa Man and the Biosphere (MAB) da UNESCO são as primeiras experiências de aplicação sistemática do modelo inclusivo (Newmark, 2000; Kramer et al., 1998; Martino, 2001). Os projectos integrados de conservação-desenvolvimento que combinam o desenvolvimento das populações locais com a conservação dos recursos naturais são abordagens que ilustram a aplicação do modelo inclusivo.

Consoante o contexto, cada um destes dois modelos é pertinente para a conservação dos recursos naturais. De um modo geral, o modelo exclusivo é adequado para a preservação dos recursos naturais em estado selvagem e em zonas onde operam caçadores furtivos armados e onde as populações locais não estão envolvidas na destruição dos recursos naturais. O modelo inclusivo é adequado no caso das áreas protegidas habitadas e daquelas cuja proteção afecta as condições de vida locais. A aplicação do modelo inclusivo não exclui a repressão policial da caça furtiva e de qualquer outra forma de fraude. O sucesso das actividades de gestão das áreas protegidas depende frequentemente da combinação de dois modelos (Garrity et al., 2000; Kasereka, 2003).

Integração das áreas protegidas no planeamento regional

De nada serve tentar conservar áreas importantes para a proteção da biodiversidade, ela própria essencial à sobrevivência humana, se ao mesmo tempo se permitir que a destruição dos recursos naturais fora dessas áreas continue. O ciclo de retroação amplificado que se desencadeia pode levar, em última análise, ao desaparecimento dessas áreas dedicadas à conservação da natureza. Importa ainda referir que, embora as áreas protegidas sejam a principal estratégia de conservação da natureza, representam apenas 3,2% da superfície da Terra (Lavoie, 1998). Não há garantias de que estas áreas, por si só, mesmo que se mantenham intactas, sejam suficientes para salvaguardar a diversidade biológica.

"Um parque nacional, uma reserva da biosfera ou qualquer área protegida deve ser considerada como um sistema cujo ambiente é o seu território. É a zona ribeirinha do parque que é mais sensível; é aí que se encontram as populações que exercem pressão sobre a área protegida; é esta interface que é palco de acontecimentos (ataque de animais selvagens ao gado, devastação de campos, ocupação ilegal, caça furtiva, etc.) que podem degenerar em conflitos entre as populações e as autoridades responsáveis pela área protegida. Por estas razões, todas as áreas protegidas devem ser consideradas no contexto do ordenamento do território" (Maldague, 1997).

O planeamento das áreas protegidas no seu ambiente requer um planeamento global e regional. Neste contexto, devem ser consideradas como uma forma de ocupação do solo justificada do ponto de vista ecológico, económico, psicossocial e cultural. Este tipo de ordenamento deve conduzir, à escala de um determinado território, a uma utilização racional dos recursos, a uma organização óptima da ocupação humana nas zonas periféricas e à criação de um ambiente de qualidade que favoreça o pleno desenvolvimento dos indivíduos e o equilíbrio da comunidade.

O modelo consiste em elaborar planos de desenvolvimento que abrangem a utilização do solo, as necessidades de desenvolvimento dos recursos do território, a organização das instalações e das infra-estruturas, a natureza e a utilização dos edifícios, os serviços a prestar, etc. Estes planos concretizam-se sob a forma de projectos de desenvolvimento. Estes planos tomarão a forma de projectos de desenvolvimento.

X. *Algumas actividades de gestão de zonas protegidas*

Há várias actividades envolvidas na gestão de uma área protegida. Estas incluem a aplicação da lei, o planeamento, o turismo, a investigação e a monitorização, a educação ambiental e o desenvolvimento rural.

a. Aplicação da lei

As zonas protegidas estão sujeitas à pressão humana. A caça furtiva e a destruição do habitat são alguns dos problemas mais comuns, especialmente nos países em desenvolvimento. A aplicação da lei consiste em registar e punir as infracções. As patrulhas de vigilância são organizadas por guardas-florestais ou agentes florestais, geralmente armados. Nos Estados Unidos, os primeiros gestores do Parque Nacional de Yellowstone eram militares. Na República Democrática do Congo, os guardas-florestais são paramilitares e andam armados no exercício das suas funções, enquanto os conservadores são agentes da polícia judiciária.

b. Desenvolvimento

As actividades de ordenamento de uma área protegida consistem em zonagem, delimitação, marcação de caminhos e construções diversas. O zonamento consiste em definir e delimitar porções de espaço para diferentes utilizações. As diferentes categorias de zonas de um parque nacional foram identificadas por Maldague (1990).

- Zona de proteção integral. Nesta zona não há lugar para turismo, recreio ou educação. Mesmo a investigação científica está sujeita a restrições, como o acesso à zona e o manuseamento e recolha de elementos da biodiversidade.
- Zona de utilização turística (recreativa e educativa). Os turistas são autorizados a entrar nesta zona, mas a sua atividade deve limitar-se à observação. Não estão autorizados a apanhar nada nem a recolher objectos.
- Corredores. Pode acontecer que as zonas de observação turística estejam separadas por zonas de proteção integral. Nestes casos, pode justificar-se a criação de um corredor que ligue as diferentes zonas de utilização turística.
- Zona de utilização turística (receção). Esta categoria abrange as zonas de receção dos visitantes, os pontos de entrada e de saída, os alojamentos (hotéis, pensões, pousadas, refúgios, etc.), as instalações educativas (centros educativos, museus, etc.), etc.
- Zonas reservadas à investigação, à vigilância e à gestão do parque. Esta zona inclui as infra-estruturas necessárias à investigação e ao bom funcionamento do parque: estação

meteorológica, pista de aterragem, laboratório de campo, postos de observação, posto de patrulha, pistas de vigilância, posto de comunicações e de primeiros socorros, garagens, lojas e armazéns.

- Zona tampão. Uma área na periferia onde a utilização do solo é restringida de modo a formar uma cintura protetora para o parque, proporcionando simultaneamente benefícios às comunidades rurais vizinhas (Martino, 2001).

c. Turismo

É amplamente reconhecido que as áreas protegidas trazem benefícios económicos significativos para o país e para as comunidades rurais. No Quénia, um terço das receitas anuais de 125 milhões de dólares provenientes do turismo provém dos sete parques nacionais mais visitados. <<O turismo numa área protegida consiste em acolher os turistas, orientá-los nas suas observações e oferecer-lhes os serviços necessários, como alojamento e restauração.

d. Investigação e acompanhamento

A conservação sustentável dos recursos e o desenvolvimento dos parques nacionais requerem um melhor conhecimento da estrutura, da revolução e do funcionamento dos ecossistemas, da regulação das populações animais, das relações ecológicas e etológicas nestes ecossistemas, da vegetação, etc. A investigação é a chave para a realização destas tarefas complexas. Na República Democrática do Congo, a investigação é o objetivo fundamental do Institut Congolais pour la Conservation de la Nature (Kabemba, 1990).

A monitorização é a medição regular e normalizada e a comunicação de uma atividade ou parâmetro ao longo do tempo (Hillman, 2001). A biomonitorização consiste em monitorizar o estado das biocenoses. A monitorização da aplicação da lei é um método normalizado de acompanhamento das actividades de vigilância e das ameaças à área protegida (por exemplo, caça furtiva, ocupação, destruição do habitat) e a consolidação e utilização desta informação pelos gestores.

e. Educação ambiental

A educação ambiental consiste em sensibilizar o público e os decisores para a interdependência entre o ambiente e o desenvolvimento económico de uma região e em dotar as pessoas dos instrumentos necessários para lidar com os problemas ambientais que enfrentam e evitar a criação de novos problemas (ICCN, 2000). Utilizando as descobertas da ciência e da tecnologia, a educação fornece os conhecimentos, as competências, as atitudes e o empenhamento necessários para proteger e melhorar o ambiente.

f. Desenvolvimento rural

A aplicação do modelo inclusivo e a integração das áreas protegidas no ordenamento do território exigem que as actividades de desenvolvimento sejam realizadas em benefício das comunidades locais. As áreas protegidas que aplicam esta abordagem transferem parte das suas receitas turísticas para as comunidades locais, geralmente através de estruturas criadas pelos beneficiários. As agências de ajuda à conservação nos países em desenvolvimento incluem o apoio ao desenvolvimento local entre as suas prioridades. No Quénia (Parque Nacional de Amboseli), vários membros das comunidades locais recebem bolsas de estudo para os seus filhos. No

Na República Democrática do Congo, alguns habitantes do interior do Parque Nacional de Kahuzi-Biega beneficiaram da construção de escolas e centros de saúde, da melhoria de estradas e pontes e do apoio à agricultura, à criação de gado e à escolarização das crianças (Kasereka, 2003).

Y. Conservação da natureza na RDCongo

a. POLÍTICA DE CONSERVAÇÃO

Em termos de biodiversidade, o Congo é o país mais rico de África e um dos mais ricos do mundo (STUART e ADAMS 1990; citados por ICCN, 2000). A sua vegetação é dominada por florestas tropicais de planície e florestas de várzea, que cobrem grande parte da bacia central do país. Em direção ao norte e ao sul, esta floresta tropical muda para savana e floresta aberta. O leste do país é dominado por montanhas que formam a borda da grande fenda africana. [2]Da sua superfície de 2.345.409 km, 45% é coberta por florestas fechadas. Dos 17 Phytophtora diferentes da região biogeográfica Afrotropical, 7 estão representados no Congo. Isto representa uma gama excecionalmente vasta de ecossistemas e habitats: florestas húmidas densas, savanas arborizadas, savanas herbáceas e arbustivas, florestas afro-montanas, mangais, papiros, turfeiras, pântanos e savanas inundadas. 52% do território nacional está coberto por floresta, ou seja, 47% da superfície da floresta tropical africana. Em termos de diversidade de espécies, a RDC ocupa o primeiro lugar entre os países africanos em vários grupos taxonómicos: 409 espécies de mamíferos, 1.086 espécies de aves. 1.069 espécies de peixes, 152 espécies de serpentes, 20 espécies de cameleões, 15 espécies de tartarugas e tartarugas de água doce, 105 espécies de moluscos aquáticos, 167 espécies de quironomídeos aquáticos, mais de 1.000 espécies de borboletas e mais de 10.000 espécies de angiospérmicas, das quais 3.000 são endémicas.

A importância desta riqueza foi reconhecida tanto pelas autoridades coloniais como pelo governo da República Democrática do Congo. As zonas protegidas constituem a principal estratégia de conservação da biodiversidade na RDC. Com o objetivo de conservar a fauna, a flora, o solo, a água e o ambiente natural em geral, qualquer parte do território da República pode ser declarada reserva integral (Ordonnance-loi n.º 69-041). Mais de 10% do território é consagrado a parques nacionais, zonas de caça, reservas de vida selvagem e zonas classificadas diversas (Banco Mundial, 1993; ICCN, 2003).

A estratégia baseada nas áreas protegidas continua a ser a melhor opção para a conservação futura da biodiversidade vegetal e animal na RDC, devido aos muitos problemas económicos e de gestão que o país enfrenta (Hart e Hall, 1996).

QUADRO JURÍDICO

Antes da independência, as áreas protegidas eram criadas por decreto real, abrangido pelo Decreto Geral sobre a Conservação de 1937. Em 22 de agosto de 1969, foi adotado o Decreto-lei n.º 69-041 sobre a conservação da natureza, que confirmou as áreas protegidas existentes e criou o Instituto Congolês para a Conservação da Natureza como organismo de gestão. Esta legislação foi adaptada pelo Decreto n.º 244 de 21 de fevereiro de 1972, pelo Decreto n.º 023 de 22 de julho de 1975 e pelo Decreto n.º 73190 de 15 de maio de 1978. As restrições previstas para os parques nacionais correspondem, em geral, aos critérios da UICN para a categoria II (parques nacionais) da classificação das zonas protegidas. Assim, são proibidos todos os actos susceptíveis de causar danos diretos aos componentes do ecossistema (art. 5.º). No entanto, é permitida a organização do turismo e das viagens indispensáveis ao desenvolvimento económico da população. A legislação não prevê a criação de zonas tampão propriamente ditas, mas confere às autoridades do parque o poder de registar infracções até 50 km para além dos limites. O diploma prevê igualmente que os parques nacionais sejam criados por decreto presidencial, sob proposta do Governo, após votação no Parlamento e sem qualquer procedimento de inquérito prévio.

Três outras leis são de particular importância para a conservação da natureza Legislação fundiária, Lei n° 80.008 de 18 de julho de 1980 que adapta a Lei Bakajika de 20 de julho de 1973, determinando que o solo e o subsolo pertencem ao Estado. Lei da Caça, Lei n.º 82.002 de 28 de maio de 1982, que determina quais os animais totalmente protegidos, bem como as diferentes autorizações de caça, épocas de caça e técnicas de caça proibidas. Uma decisão do Conselho Executivo de 1984 suspendeu a caça em todo o território nacional.

O "Guide de l'exploitant forestier" de 1986, baseado na lei florestal de 11 de abril de 1949 e no direito fundiário, obriga o beneficiário de uma concessão florestal (grande ou pequena) a desenvolver o terreno.

Está atualmente a ser elaborada uma nova lei que promove a gestão participativa das zonas protegidas.

QUADRO INSTITUCIONAL

Na sequência da Conferência sobre a Proteção da Fauna e da Flora em África, realizada em Londres em 1933, as autoridades coloniais criaram, em 1934, o Instituto dos Parques Nacionais como um organismo autónomo no âmbito do Ministério da Agricultura. Após a independência, os parques nacionais passaram a ser administrados diretamente pelo Ministério da Agricultura. Desde 1969, o ICCN é responsável pela gestão dos parques nacionais e das zonas de caça, incluindo a proteção da flora e da fauna, a investigação científica e o turismo, de acordo com os princípios fundamentais da conservação da natureza. Desde 1969, o ICCN é uma empresa pública sob a tutela do Ministério do Ambiente, da Conservação da Natureza e do Turismo. É dirigida por um Presidente Delegado Geral nomeado pelo Presidente da República e tem a sua sede em Kinshasa, com 3 departamentos diferentes: o departamento administrativo e financeiro, o departamento técnico e o departamento de investigação.

ALGUMAS DAS ORGANIZAÇÕES PARCEIRAS DA ICCN

- AWF, Fundação Africana para a Vida Selvagem
- CI, Conservação Internacional
- DFGF/E, Fundo Dian Fossey para os Gorilas da Europa
- DFGF/I, Fundo Internacional para os Gorilas Dian Fossey
- FFI, Fauna e Flora Internacional
- FZS, Sociedade Zoológica de Frankfurt
- GIC, Gilman International Conservation (Conservação Internacional Gilman)
- GIZ, Cooperação Alemã para o Desenvolvimento Internacional
- JGI, Instituto Jane Goodall
- IGCP, Programa Internacional de Conservação dos Gorilas
- IUCN, União Internacional para a Conservação da Natureza
- UNESCO, Organização das Nações Unidas para a Educação, a Ciência e a Cultura
- USAID, Agência dos Estados Unidos para o Desenvolvimento Internacional
- WCS, Sociedade de Conservação da Vida Selvagem
- WWF, Fundo Mundial para a Natureza
- ZSL, Sociedade Zoológica de Londres

ZONAS PROTEGIDAS NA REPÚBLICA DEMOCRÁTICA DO CONGO

Existem 6 tipos principais de zonas protegidas na República Democrática do Congo: parques nacionais, zonas de caça, reservas da biosfera, reservas florestais, jardins zoológicos e botânicos e zonas protegidas.

A sua distribuição em termos de superfície, e para aqueles para os quais existem dados disponíveis, é a seguinte:

Quadro 1: Importância das zonas protegidas na República Democrática do Congo

TIPO	NÚMERO	SUPERF. APROXIMADO	% DO PAÍS
Parques nacionais - Operacional - No projeto	 8 4	 8.491.000 2.244.625	 3,6 0,9
Áreas de caça	57	10.954.266	4,6
Reservas da Biosfera	3	267.414	0,1
Reservas florestais	117	517.169	0,2
Jardins Zoológicos e Botânicos	3 3	3.000	0,0+
Sectores de cópia de segurança Locais de reflorestação Reservas naturais	 1	 112.000 36.000	 0,0+ 0,0+
TOTAL		**22.655.474**	**9,6%**

Fonte: compilação do ICCN e da DGNR (1994)

N.B. Sítios Ramsar

Estas são zonas húmidas de importância internacional. A Convenção sobre as Zonas Húmidas, assinada em Ramsar, no Irão, em 1971, é um tratado intergovernamental que proporciona um quadro de ação nacional e de cooperação internacional para a conservação e a utilização racional das zonas húmidas e dos seus recursos. Na RDC, três sítios constam da lista de Ramsar. São eles o Parque Nacional de Virunga (1996), o Parque dos Mangroves (1996) e Ngiri-Tumba-Mai Ndombe (2008).

O objetivo da República Democrática do Congo é aumentar esta área para 12-15% da superfície nacional, tendo em conta os diferentes ecossistemas naturais que reflectem a diversidade biológica específica do Congo. Treze sítios de interesse nacional e internacional e 4 sítios de interesse local foram identificados pela UICN para fazer parte da rede de zonas protegidas.

Parques nacionais

Na época colonial, cada área protegida foi criada por decreto real, com base num decreto geral assinado em 1937. Os parques nacionais foram todos criados por decretos-lei específicos que confirmam o seu estatuto de "Reservas Naturais Integradas", embora certas actividades científicas e turísticas sejam agora autorizadas.

A gestão dos parques é da responsabilidade do Institut Congolais pour la Conservation de la Nature (ICCN), em conformidade com o Decreto-lei n.º 75-023 de 22 de julho de 1975.

Existem atualmente 7 parques nacionais:

Parque Virunga, Parque Garamba, Parque Kahuzi-Biega, Parque Salonga, Parque Upemba, Parque Kundelungu e Parque Mai'ko. Os quatro primeiros fazem parte da lista de sítios do Património Mundial da UNESCO. Salonga e Virunga albergam 2 sítios Ramsar: Ngiri-Ntumba- Mai Ndombe e Lac Edouard. Para além destes 7 parques, existe o Parc de la N'sele (3.000 t), composto por uma parte onde os animais vivem em liberdade e outra onde são mantidos em cativeiro (Zoo de 17 Ha).

Foi previsto e incluído um projeto de criação de três novos parques nacionais:

- Parque Nacional do Okapi (1.372.625 ha): concebido para proteger o Okapi, uma espécie rara e endémica do Congo;
- O Parque Nacional de Mondjo (812 000 hectares) protegerá a floresta seca densa degradada e as manadas de elefantes que alberga;
- Parque Marinho de Moanda (60 000 ha), para proteger o biótopo especial da costa atlântica (mangais com árvores de mangue), (sítio Ramsar).

Além disso, o ICCN está a considerar propor que a Reserva Swa-Kibula seja declarada parque, a fim de proteger o ecossistema caraterístico da faixa de savana do sul do país, com as suas galerias florestais típicas.

Áreas de caça

A sua gestão era da responsabilidade da Diretion de Gestion de Ressources Naturelles Renouvelables do Ministério. Foi transferida para o ICCN pelo decreto ministerial n.º 36/DECNT/BCE/78, de 13 de julho de 1978.

Das 57 áreas identificadas, 19 estão efetivamente operacionais ou funcionais. Os outros foram praticamente abandonados por razões materiais e financeiras.

Reservas da Biosfera

De um ponto de vista jurídico, estas zonas são, em princípio, regidas pelos conceitos do FUNESCO. Além disso, este último emite autorizações ou certificados numa base ad hoc. Não existe um ato jurídico que concretize a ação da UNESCO. No entanto, a gestão e o controlo são assegurados pelo Secretariado Nacional do Programa MAB no Congo, dependente do Ministério do Ambiente. Das três reservas que existiam à partida (Yangambi, Luki e Lufira), apenas a reserva de Luki (33 000 ha) continua a ser objeto de acompanhamento.

Reservas florestais

A gestão destas reservas é da responsabilidade da Direção de Gestão dos Recursos Naturais e Renováveis (DGRNR), dependente do Ministério do Ambiente, da Conservação da Natureza e do Turismo. Em princípio, não existem textos legais que regulem a sua gestão. Os seus objectivos são a proteção da floresta natural, a promoção da investigação silvícola e o enriquecimento da floresta natural com vista a favorecer a produção de madeira ou de lenha.

O Jardim Zoológico e Botânico

Trata-se de um tipo de conservação ex-situ da fauna e da flora. Estes jardins estão sob a responsabilidade do Institut des Jardins Zoologiques et Botaniques du Congo (UZBC), criado pela portaria n.º 78-215 de 5 de maio de 1978.

Atualmente, existem 4 jardins zoológicos em Kinshasa (2), Kisangani (1) e Lubumbashi (1) e 3 jardins botânicos em Kisantu (Baixo Congo), Eala (Equador) e Kinshasa (Parque da Revolução).

Sectores de salvaguarda

A Lei n.º 75-024, de 22 de julho de 1975, define o princípio da sua criação e estabelece o seu quadro jurídico e organizacional.

Nos termos desta lei, qualquer área não sujeita a servidões humanas legalmente reconhecidas e de especial interesse do ponto de vista da conservação, restauração ou desenvolvimento deve ser salvaguardada.

Embora o artigo 3.º da referida lei preveja que o organismo responsável pela gestão destes sectores deva ser designado pela portaria que o institui, nada foi feito até à data para o efeito.

Anexo: Lista de acordos internacionais com impacto na biodiversidade e dos

quais a RDC é membro

NOME DO ACORDO		PAÍS OU CIDADE DE ADOPÇÃO	DATA DE ASSINATURA
1	Convenção fitossanitária para a África a sul do Sara	Londres (Inglaterra) 29 de julho de 1954	21 de setembro de 1962
2	Acordo de cooperação em matéria de quarentena e de proteção das plantas contra as pragas e as doenças	Sófia (Bulgária) 14 de dezembro de 1959	
3	Convenção Africana sobre a Conservação da Natureza e dos Recursos Naturais	Argel (Argélia) 15 de setembro de 1968	13 de novembro de 1976
4	Convenção sobre Zonas Húmidas de Importância Internacional nomeadamente como habitats de aves aquáticas ou de Ramsar	Ramsar (Irão) 2 de fevereiro de 1971	15 de setembro de 1994
5	Convenção para a Proteção do Património Mundial, Cultural e Natural	Paris (França) 23 de novembro de 1972.	17 de dezembro de 1975
6	Convenção sobre a Conservação das Espécies Migratórias de Animais Selvagens vida selvagem (Bona)	Bona (Alemanha) 23 de junho de 1979	5 de setembro de 1994
7	Convenção de Viena para a Proteção da Camada de Ozono; Protocolos de Londres e de Montreal	Montreal (Canadá) 22 de março de 1985	15 de setembro de 1994
8	convenção-quadro sobre as alterações climáticas	Rio de Janeiro (Brasil) 4 de junho de 1992	8 de dezembro de 1994
9	Convenção sobre a Diversidade Orgânico	Rio de Janeiro (Brasil) 4 de junho de 1992	15 de setembro de 1994
10	Convenção sobre Transferência Transfronteiriça de Resíduos Perigosos e sua Gestão (Convenção de Bamako)	Bamako (Mali)	15 de setembro de 1994
11	Acordo Internacional sobre as Madeiras Tropicais	Genebra (Suíça)	20 de novembro de 1990
12	Convenção das Nações Unidas sobre o Direito do Mar	MontegoBay (Jamaica) 10 de dezembro de 1982	17 de fevereiro de 1989
13	Convenção sobre Transferência Transfronteiriça de Resíduos Perigosos e seu Tratamento (Convenção de Basileia)	Basileia (Suíça) 22 de março de 1989	15 de setembro de 1994
14	Convenção sobre a conservação da	Londres (Inglaterra)	

	fauna e da flora no estado natural	14 de janeiro	
15	Convenção Fitossanitária para África	Kinshasa (Congo) 13 de setembro de 1967	
16	Convenção Internacional para a Proteção das Plantas	Roma (Itália) 6 de dezembro de 1951	16 de setembro de 1975
17	Convenção sobre a Proibição do Desenvolvimento, Produção e Armazenamento de Armas Bacteriológicas (Biológicas) e Toxínicas e sobre a sua Destruição	Washington (EUA) 10 de abril de 1972	10 de setembro de 1975
18	Convenção para a Proteção do Património Mundial, Cultural e Natural	Paris (França) 23 de novembro de 1972	17 de dezembro de 1972
19	convenção para a prevenção da poluição do mar por descarga de resíduos	Londres 29 de dezembro de 1972	17 de outubro de 1975
20	Convenção sobre o Comércio Internacional das Espécies da Fauna e da Flora Selvagens Ameaçadas de Extinção (CITES)	Washington (EUA) 3 de março de 1973	18 de outubro de 1976
21	Convenção sobre a Conservação das Espécies Migratórias de Animais Selvagens pertencentes à fauna selvagem	Bona (Alemanha) 23 de junho de 1973	15 de setembro de 1994
22	Convenção sobre a luta contra a desertificação e a seca	Paris (França) 17 de outubro de 1995	11 de setembro de 1997

CAPÍTULO II

AMBIENTE E METODOLOGIA DE ESTUDO

II.1 AMBIENTE DE ESTUDO

a) Localização geográfica

É uma aldeia situada no grupo KAGABI, território KABARE, província do Kivu Sul, na República Democrática do Congo. Administrativamente, é dirigida pelo chefe da aldeia, Sr. LUSARI. A aldeia MBIZA está subdividida em três sub-aldeias:

S MBIZA PREMIER: Inclui os sítios BUHIRWA e KAJEJE.

S MBIZA SEGUNDO: Inclui os sítios KABUGE e IKUMBANI.

S MBIZA CENTRE: Inclui os sítios de KIYABAGALA , KABOMBO , NYAMUKUMBWA e MURUNDU.

O clima é temperado e de altitude, com temperaturas médias que variam entre 15 e 25°. A região tem duas estações: a estação das chuvas, que dura 8 a 9 meses, a estação das chuvas longas começa em agosto e termina em dezembro, e a estação das chuvas curtas começa em fevereiro e termina em maio. A estação seca longa, que dura 3 a 7 meses, começa em junho e prolonga-se até dezembro, enquanto a estação seca curta começa no início de janeiro e prolonga-se até ao final do mesmo mês.

b) Solo e vegetação

Este aspeto é o mais importante para esta investigação. A aldeia MBIZA tem solos argilo-calcários favoráveis à agricultura. Para além disso, existe uma falta de apoio agrícola sob a forma de serviços de extensão, certificação de sementes e escassez de fertilizantes químicos e orgânicos. Esta situação conduziu a uma degradação progressiva dos solos que, por sua vez, provocou infertilidade. No que diz respeito à vegetação, a aldeia de MBIZA apresenta plantas herbáceas e lenhosas de ambos os lados que caracterizam a sua paisagem. É de notar que o relevo é geralmente montanhoso. As principais culturas cultivadas em MBIZA são o milho, o feijão e a mandioca. Estas culturas, que no passado davam um rendimento considerável nesta zona e contribuíam para a segurança alimentar, viram o seu rendimento diminuir nos últimos anos devido à infertilidade dos solos. Atualmente, os solos agrícolas desta zona já não são adequados para estas diferentes culturas como eram no passado, tendo perdido a sua qualidade.

A infertilidade do solo é atualmente um problema importante na RDC em geral e em MBIZA em particular, e no grupo KAGABI deve-se aos seguintes factores

- A falta de sementes melhoradas;
- Não rotação de culturas ;
- A utilização de métodos tradicionais de fertilização dos solos ;
- Incumprimento do GIFS por parte dos agricultores :
- Crescimento em encostas.

Estas diferentes causas de infertilidade do solo no agrupamento KAMURONZA são explicadas nas páginas seguintes da seguinte forma:

4- A falta de sementes melhoradas

Como podemos ver aqui, as sementes melhoradas são de importância vital para a estabilidade da produção agrícola, dada a sua resistência a doenças e pragas. No entanto, como se pode constatar na província do Kivu Sul, há uma escassez virtual de sementes melhoradas que podem rejuvenescer os solos agrícolas e contribuir para a sua fertilidade. A não disponibilidade de sementes melhoradas pode ser explicada pelo facto de o sector agrícola receber uma percentagem muito pequena do orçamento nacional. Mas a pobreza também impede os agricultores de as obterem nas zonas onde elas estão disponíveis. É por isso que, no nosso domínio de estudo, continuamos a utilizar variedades locais que não são resistentes a doenças e pragas. A longo prazo, isto conduz à infertilidade da terra.

5- Não rotação de culturas :

Dado que se observava um empobrecimento do solo e um aumento das doenças e pragas quando os agricultores cultivavam as mesmas culturas no mesmo campo durante vários anos consecutivos, foi recomendada a rotação de culturas.

6- A utilização de métodos tradicionais de fertilização dos solos :

A deterioração contínua do solo é um dos principais obstáculos ao aumento dos rendimentos. Quando os agricultores cultivam os mesmos campos, estação após estação, e não se podem dar ao luxo de repor os nutrientes do solo absorvidos pelas suas culturas, o solo é, de facto, esgotado da sua substância. As técnicas e práticas de cultivo precárias, como a limpeza dos arbustos, a não rotação e o cultivo em declive, contribuem para a perda de fertilidade do solo.

4- Incumprimento do GIFS por parte dos agricultores :

A ISFM é um pré-requisito proposto por especialistas em agronomia para ajudar a garantir a fertilidade dos solos agrícolas.

4- Crescimento em encostas

Alguns declives são mais íngremes do que outros, e quanto mais íngreme for o declive, mais difícil é trabalhar. Ao cultivar numa encosta, quando chove muito, a água pode lavar o solo bom diretamente para o fundo da encosta. Isto lava a camada superior do solo, que contém a maior parte dos nutrientes e da matéria orgânica do solo. Quando os agricultores cultivam ao longo da encosta, os danos são significativos. Enquanto houver um sulco, este formará uma pequena ravina para reter a água e impedir que esta escorra pela encosta abaixo e provoque a erosão do solo. Para os agricultores que cultivam nas encostas mais altas, é difícil drenar as suas terras, o que tem um impacto na infertilidade do solo. Esta é a situação notável da aldeia de MBIZA, onde alguns agricultores estão a sofrer as consequências das culturas em encostas.

4- Incumprimento do calendário agrícola :

Não é o caso da aldeia de MBIZA, onde os agricultores exploram excessivamente o solo, mês após mês, devido à fome, ao ponto de o esgotarem em grande medida. Além disso, ao não deixar a terra em pousio, o solo perde a sua capacidade de amortecimento e torna-se infértil.

II .2 .METODOLOGIA DE TRABALHO

1.3.1. Procedimento de recolha de dados

Para recolher as informações necessárias para este estudo, passámos por várias fases, incluindo o pré-inquérito, a documentação, a elaboração do questionário do inquérito e os inquéritos no terreno.

Para conhecer a situação real do problema abordado nesta investigação, a gestão da fertilidade dos solos na aldeia MBIZA, pareceu-nos importante efetuar um levantamento preliminar. Assim sendo, deslocámo-nos a diferentes locais da aldeia MBIZA onde este problema é mais grave e observámos a situação no terreno antes de avançarmos para a preparação do trabalho. Após o levantamento preliminar, passámos à fase de documentação, que nos permitiu aceder aos dados necessários contidos em vários documentos científicos, incluindo livros, relatórios, artigos, dissertações e teses que tratam do nosso tema de investigação, a fim de o enriquecer. Para conhecer esses documentos, consultámos sítios Web e visitámos também algumas bibliotecas locais. Uma vez concluída a pesquisa, começámos a redigir a parte introdutória do estudo e o questionário do inquérito. O questionário foi elaborado com base nas hipóteses e nos objectivos do trabalho. O questionário foi dirigido aos camponeses da aldeia de MBIZA. Uma vez preenchido o questionário, multiplicámo-lo de acordo com a dimensão da amostra e saímos para o campo para realizar os inquéritos. Para os inquéritos de campo, percorremos quase toda a aldeia de MBIZA, levando connosco os nossos questionários de inquérito e aplicando-os aos camponeses. Uma vez terminados os inquéritos, entrevistámo-los sobre as perguntas dos questionários. Os camponeses deram-nos os seus pontos de vista e opiniões sobre os problemas de gestão da fertilidade dos solos na sua zona. Transcrevemos as respostas dos inquéritos para os formulários dos questionários, uma vez que a grande maioria dos inquiridos era analfabeta. Para poupar tempo durante os inquéritos, também registámos as opiniões dos inquiridos em termos das suas respostas às perguntas feitas.

Uma vez terminada a entrevista com os inquiridos, visitámos os vários campos aráveis para descobrir o que estava realmente a acontecer no terreno.

1.3.2. Amostragem

Para determinar a dimensão da amostra, utilizámos a fórmula de COCHRANG, citada pelo Professor Alain BOUCHARD. Esta fórmula indica que, quando o tamanho do universo é infinito, ou seja, superior a 1000000 habitantes, tomamos uma amostra de 96 pessoas. Quando o tamanho do universo é finito, aplicamos a fórmula do tamanho corrigido, assumindo uma margem de erro de 10%. Esta fórmula é a seguinte:

$NC = N \times \frac{n}{N+n}$ ou: NC= Dimensão da amostra

N=Tamanho da população

n=Tamanho do universo

Dado que a população do distrito de Kagabi está estimada em 43616, aplicamos a fórmula de COCHRANG da seguinte forma:

$$NC = 43616 \times \frac{96}{43616+96} = \frac{4187136}{43712} = 95,78 \approx 96$$

Margem de erro de 10%: $96 \times \frac{10}{100} = 9,6 \approx 10$

96 indivíduos + 10 indivíduos = 106 pessoas.

Daí a dimensão da nossa amostra de 106 indivíduos.

1.3.3. Análise estatística

Para a análise estatística e o tratamento dos dados, utilizámos o software SPSS 21. Com este software, codificámos os dados no Excel para produzir tabelas de alta qualidade que ilustram o estudo.

CAPÍTULO III

APRESENTAÇÃO, ANÁLISE E INTERPRETAÇÃO DOS RESULTADOS

O quadro 1 abaixo mostra que a maioria das pessoas inquiridas tinha entre 15 e 25 anos, 51 em 106 (48,1%), enquanto a minoria tinha 60 anos ou mais, 3 em 106 (2,8%). Isto justifica-se pelo facto de serem os jovens agricultores que estavam permanentemente disponíveis durante os nossos inquéritos e, sobretudo, por serem eles que estavam activos nos campos e por serem os agricultores mais velhos que nos deram informações sobre a história da agricultura na região.

Relativamente à variável estado civil, o quadro mostra que 76 das 106 pessoas entrevistadas eram casadas, ou seja, 71,7%, enquanto 7 das 106 pessoas entrevistadas eram divorciadas, ou seja, 6,6%. Esta situação justifica-se pelo facto de, nas zonas rurais, o casamento ser contraído demasiado cedo e, sobretudo, pelo facto de os aldeões recearem o divórcio devido às exigências onerosas que este acarreta.

No que diz respeito à variável nível de educação, os resultados deste quadro mostram que 41 pessoas em 106, ou seja, 38,7%, têm o ensino secundário, 36 pessoas em 106, ou seja, 34,0%, têm o ensino primário, 18 pessoas em 106, ou seja, 17,0%, não têm qualquer nível de educação, ou seja, são analfabetas, e 11 pessoas em 106, ou seja, 10,4%, têm o ensino universitário. Relativamente a estes níveis de escolaridade, verifica-se que a maioria dos agricultores da aldeia de MBIZA não possui um nível de escolaridade elevado, pois muitos abandonaram a escola precocemente devido a uma ou outra circunstância. No que diz respeito à dimensão dos agregados familiares inquiridos, verificamos que a grande maioria dos inquiridos tem agregados familiares entre 6 e 10 pessoas, com 40 pessoas dos 106 inquiridos, ou seja, 37,7%. Para outros, a dimensão do agregado familiar situa-se entre 1 e 5 pessoas, 38 pessoas em 106, ou seja, 35,9%, e finalmente temos 28 pessoas em 106, ou seja, 26,4%, cuja dimensão do agregado familiar é de 11 pessoas ou mais. Podemos ver que a dimensão do agregado familiar é elevada na aldeia de MBIZA, uma situação que pode ser explicada pela elevada taxa de natalidade nas zonas rurais.

Tabela 1. Caraterísticas sócio-demográficas

№	Variáveis	Procedimento	Força de trabalho	Percentagens (%)
1	GÉNERO	- MULHERES	- 47	- 44.3
		- MACHO	- 59	- 55.7
	IDADE	- 15-30	- 51	- 48.1
		- 31-45	- 27	- 25.5
		- 46-60	- 25	- 23.6
		- 60 anos ou mais	- 3	- 2.8
2	ESTADO CIVIL	- CELIBATÓRIO	- 23	- 21.7
		- DIVÓRCIO	- 7	- 6.6
		- MARIE (E)	- 76	- 71.7
3	NÍVEL ESTUDO	- PRIMÁRIO	- 36	- 34.0
		- SEM	- 18	- 17.0
		- SECUNDÁRIO	- 41	- 38.7
		- UNIVERSIDADE	- 11	- 10.4

4	TAMANHO MENAGEM	- 1 a 5 - 6 a io - 11 anos ou mais	- 38 - 40 - 28	- 35.9 - 37.7 - 26.4

A Tabela 2 abaixo mostra que os inquéritos da Aldeia MBIZA confirmam a posse de terra para cultivo.

A partir desta tabela, podemos ver que a grande maioria das pessoas inquiridas possui campos para culturas alimentares, 94 em 106, ou seja, 88,8%. A minoria não possui qualquer terra arável na nossa área de estudo. Representa 11,3% da nossa amostra. Para os que possuem, a razão é que herdaram os campos dos seus pais, compraram-nos ou alugaram as terras para cultivar. Para os que não o fazem, faltam-lhes os meios. À luz deste quadro, é evidente que a dimensão das parcelas a cultivar difere de um agricultor para outro. Assim, como mostram os resultados deste quadro, a maioria das pessoas entrevistadas possui campos com menos de um hectare, 47 pessoas em 106 inquiridas, ou seja, 44,3%. Só os agricultores que dispõem de meios para o fazer é que podem adquirir grandes extensões de terra.

Quadro 2. Propriedade das terras aráveis

Variáveis	**Procedimento**	**Força de trabalho**	**Percentagens (%)**
Propriedade do terreno terras aráveis	SIM	94	88,7
	NÃO	12	11,3
Extensão do terreno cultivável	1ha	28	26.4
	2ha	12	11.3
	3ha	4	3.8
	4ha	3	2.8
	Menos de 1 ha	47	44.3

O quadro 3 abaixo mostra que a terra arável dos agricultores na aldeia de MBIZA não é fértil. Isto foi afirmado por 75 pessoas das 106 inquiridas, ou seja, 46,2%. Este facto é justificado pelos numerosos problemas ligados à fertilidade dos solos agrícolas e à sua gestão, que elucidámos nas páginas precedentes. Esta infertilidade tem um impacto significativo nos rendimentos. À luz dos resultados apresentados neste quadro, verifica-se que, no que diz respeito à situação das terras aráveis em relação ao declive, para muitos agricultores da aldeia de MBIZA, as suas terras estão situadas no declive médio, como indicado em 41 dos 106 inquéritos, ou seja, 38,7%. Os agricultores explicaram que as encostas mais altas são menos férteis porque quando o solo é lavado, todos os nutrientes das plantas tendem a afundar-se, pelo que se contentam em cultivar nas encostas mais baixas onde a terra é facilmente irrigada. Estes inquéritos representam 23 pessoas em 106, ou seja, 21,7%. Em seguida, temos os inquiridos cujos terrenos se situam nas terras baixas, propícias à agricultura, 22 pessoas em 106, ou seja, 20,8%. Para os restantes inquiridos, as suas terras situam-se nas savanas (11 em 106 inquiridos, ou seja, 10,4%) e nas encostas altas (9 em 106 inquiridos, ou seja, 8,4%).

Quadro 3. Confirmação da fertilidade das terras aráveis

Variáveis	**Procedimento**	**Trabalhadores**	**Percentagens (%)**
Confirmação no fertilidade do solo	Sem resposta	12	11.3
	GUI	75	46.2

terras aráveis			
	NÃO	19	42.5
Situação no terreno cultivável em relação a um a inclinação	Os baixios	22	20.8
	As savanas	11	10.4
	Declive suave	23	21.7
	Declive elevado	9	8.5
	Declive médio	41	38.7

A tabela 4 abaixo mostra que a infertilidade da terra no agrupamento KAGABI tem muitas causas. Como mostram os resultados desta tabela, as principais causas deste problema nesta área são, respetivamente, a falta de sementes melhoradas identificada por 28 pessoas em 106, ou seja, 26,4%, a não rotação de culturas identificada por 18 pessoas em 106 entrevistadas, ou seja, 17,0%, o não cumprimento do ISFM identificado por 16 pessoas em 106, ou seja, 15,1%, e o uso de métodos tradicionais como a monocultura, insumos de fertilização do solo não melhorados, etc. identificados por 16 pessoas em 106, ou seja, 15,1%. Os problemas identificados por 16 das 106 pessoas (15,1%).

Para além destas causas principais, existem também causas secundárias de infertilidade do solo na aldeia de MBIZA. Estas incluem a lixiviação do solo, relatada por 1,9% dos inquiridos, a monocultura, relatada pela mesma proporção de inquiridos, e muitas outras causas, tais como o solo não ser deixado em pousio e o envelhecimento do campo.

Quadro 4. Causas da infertilidade do solo em MBIZA

Causas	**Força de trabalho**	**Percentagem**
Outros	2	1.9
Lixiviação do solo	2	1.9
a utilização de métodos fertilização tradicional do solo	16	15.1
Cultivo em encostas	12	11.3
Monocultura	2	1.9
Não rotação de culturas	18	17.0
A falta de sementes melhoradas	28	26.4
incumprimento da ISFM (Gestão Integrada da Fertilidade do Solo)	16	15.1
Incumprimento do calendário agrícola	9	8.5
Sobre-exploração do terreno	1	0.9
Total	106	100.0

O quadro 5 abaixo mostra que os métodos tradicionais de fertilização da terra ainda são usados pelos agricultores na aldeia de MBIZA. Consequentemente, os métodos mais utilizados por estes agricultores são o cultivo em declive (35,8% dos inquiridos), a monocultura (27,4% dos inquiridos), a utilização de insumos não melhorados e a agricultura de corte e queima (17,9% dos inquiridos). As razões que levam os agricultores a utilizar estas técnicas são os trabalhos de manutenção e o enriquecimento do solo com nutrientes, mas na realidade estas técnicas danificam o solo e não garantem a fertilidade esperada. Os agricultores de MBIZA utilizam um certo número de técnicas modernas para fertilizar as suas terras. A grande maioria destes agricultores (42 em 106 inquiridos, ou seja, 39,6%) afirma utilizar uma combinação de culturas, enquanto uma minoria (17 em 106, ou seja, 16,0%) utiliza fertilizantes químicos. É de notar que, como vimos em

No MBIZA, as técnicas ditas modernas são pouco praticadas pelos camponeses, quer por falta de apoio, quer por falta de informação, quer por falta de domínio de uma das técnicas aplicadas. O solo é o local onde a agricultura é praticada, o que tem efeitos negativos nas condições socioeconómicas dos agricultores.

Quadro 5. Métodos tradicionais utilizados para fertilizar as terras

Variáveis	**Procedimento**	**Força de trabalho**	**Percentagens (%)**
Métodos tradicional para o fertilização de terra	- Cultivo de arbustos - Plantação de redes - Utilização de produtos não melhorias - Monocultura	19 2 1 Q para 29	17,9 1,9 17,0 27,4 35,8
Métodos moderno para o fertilidade do solo	Agroflorestação Associação de culturas Pousio Utilização de fertilizantes química	17 42 30 17	16.0 QO A 39.6 28.3 16.0

O quadro 6 abaixo mostra que o solo da aldeia de MBIZA é atualmente infértil, devido aos graves problemas que provocam a infertilidade. 86 das 106 pessoas inquiridas, ou seja, 81,1%, afirmaram-no.

Estes resultados mostram que as três principais culturas na aldeia de MBIZA são a batata-doce, a mandioca e o feijão. Isto é evidenciado pelo grande número de inquéritos, 44 em 106, ou 41,5%. Podemos, portanto, dizer que os solos agrícolas desta área estão bem adaptados a estas culturas em comparação com outras.

A infertilidade do solo tem um impacto negativo nos rendimentos agrícolas na Aldeia MBIZA, porque as culturas não podem crescer e adaptar-se melhor em solos inférteis. 80 pessoas em 106 inquiridas, ou 75,5%. Outros inquiridos disseram que os solos inférteis têm um impacto muito negativo no rendimento das culturas, 17 dos 106 inquiridos, ou 16,0%. Assim, podemos constatar que os rendimentos agrícolas são atualmente baixos na aldeia de MBIZA devido à infertilidade dos solos.

Quadro 6: Confirmação da infertilidade do solo, pormenores das principais culturas em MBIZA e influência da infertilidade do solo no rendimento das culturas

Variáveis	**Procedimento**	**Força de trabalho**	**Percentagens (%)**
Confinamentosur o estado de infertilidade de solos	Sem resposta NÃO SIM	3 17 86	2.8 16.0 81.1
As três culturas	Sem respostas		

do ambiente	Cana-de-açúcar, feijão e		
	batata-doce	3	2.8
	Colocases, batatas	2	1.9
	doce e feijão	2	1.9
	Colocases, batatas	3	2.8
	suave e mas	4	3.8
	Feijão e mandioca	5	4.7
	Feijão, milho e mandioca	1	0.9
	feijão, mandioca e amaranto	19	17.9
	Milho, feijão e mandioca	8	7.5
	Mas, a mandioca e a batata	6	5.7
	doce	4	3.8
	Mandioca, feijão e	2	1.9
	banana	44	41.5
	Mandioca, feijão, cana-de-		
	açúcar	3	2.8
	açúcar		
	Mandioca, milho, amendoim		
	batata-doce, mandioca e feijão Arroz, mandioca, milho		
Influência de infertilidade do solo no rendimento agrícola em KAMURONZA	Não Negativamente Positivo Muito negativo	3 80 6 17	2.8 75.5 5.7 16.0

O quadro 7 acima mostra que o estado atual da produção agrícola na aldeia é baixo. Isto justifica-se pelo facto de os solos inférteis estarem ao alcance dos agricultores e terem um impacto negativo nos rendimentos. 75 pessoas das 106 inquiridas (70,8%) afirmaram este facto. Por isso, é importante que sejam criados mecanismos de recuperação da fertilidade dos solos para ultrapassar a situação nesta zona.

Quadro 7. Estado atual da produção agrícola na aldeia de MBIZA

Estado atual da produção	**Força de trabalho**	**Percentagem**
Sem resposta	4	3.8
Baixa	75	70,8
Média	21	19.8
muito baixo	6	5.7
Total	106	100.0

O quadro 8 abaixo mostra que o rendimento médio da batata-doce varia de um agricultor para outro e de acordo com as condições do solo. O rendimento médio para a maioria dos agricultores foi de 25 a 30 sacos. No entanto, este rendimento é demasiado baixo para garantir a segurança alimentar nesta área. O rendimento médio destas culturas situa-se entre 25 e 30 sacos, o que, como demonstraram os nossos inquéritos, é insuficiente para todos os agricultores. O rendimento médio do milho é medíocre, tal como no caso da batata-doce na aldeia de MBIZA. É ligeiramente superior ao da batata-doce, atingindo mais de 25 sacos por hectare. Apesar disso, o rendimento é baixo em relação ao número de habitantes e às necessidades alimentares a serem cobertas.

Tal como as outras duas culturas, a produção de feijão é baixa, variando entre 1 e 5 sacos, ou seja, 83% dos inquéritos.

Tabela 8. Produções médias de batata-doce, milho e feijão para os agricultores de MBIZA

Variáveis	Procedimento	Força de trabalho	Percentagens (%)
Desempenho médio para batatas doces	Sem resposta	22	20.8
	1 a 5 sacos	19	17.9
	6 a 10 sacos	35	33
	11 a 15 sacos	18	17
	16 a 20 sacos	3	2,8
	21 a 25 sacos	4	3.7
	26 a 30 sacos	5	4,7
Rendimento médio para mas	Não sabemos não	23	21.6
	1 a 5 sacos	30	28.3
		30	28,3
	6 a 10 sacos	17	16
	11 a 15 sacos	3	2,8
	16 a 20 sacos	2	1.9
	21 a 25 sacos	1	0.9
	Mais de 25 sacos		
Rendimento médio do feijão	Não sabemos	13	12,2
	1 a 5 sacos	88	83
	6 a 10 sacos	3	2,8
	11 a 15 sacos	2	1,9

O quadro 9 abaixo mostra que a maioria dos inquiridos, 63 em 106 (59,4%), confirma que a produção agrícola tem um impacto negativo nas condições socioeconómicas e ambientais dos agricultores do grupo MBIZA, enquanto 43 em 106 (40,6%) negam esta afirmação. Na realidade, é certo que a produção agrícola tem um impacto negativo nas condições socioeconómicas dos agricultores desta zona, uma vez que a produção é baixa e não consegue cobrir as necessidades sociais e económicas dos agricultores.

Quadro 9: Impacto da produção agrícola nas condições socioeconómicas dos agricultores da aldeia de MBIZA.

Impacto	Força de trabalho	Percentagem
Negativamente	43	40.6
Positivo	63	59.4
Total	**106**	**100.0**

O quadro 10 abaixo mostra que 85 pessoas106 (80.2%) confirmam que as ONGs que trabalham no sector agrícola já implementaram estratégias para promover a boa gestão da fertilidade do solo e o aumento da produção agrícola em MBIZA. As ONG que trabalham no sector agrícola esforçam-se por apoiar os agricultores da província do Kivu Sul, a fim de melhorar a atividade agrícola de que o país depende.

Quadro 10. Confirmação das estratégias já postas em prática pelas ONGs agrícolas para uma boa gestão da fertilidade do solo e aumento da produção agrícola em MBIZA.

Variável	**Força de trabalho**	**Percentagem**
NÃO	21	19.8
SIM	85	80.2
Total	**106**	**100.0**

O quadro 11 mostra que as ONGs usam diferentes estratégias para contribuir para uma boa gestão da fertilidade do solo e para o aumento da produção agrícola em MBIZA. As melhores estratégias reveladas pelos inquéritos para este efeito são a sensibilização sobre a ISFM, o pousio e a integração de sementes melhoradas, identificadas por 5,7% e 4,7%, respetivamente.

Quadro ll. Estratégias já postas em prática pelas ONG

Estratégias	**Força de trabalho**	**Percentagem**
Não estratégico	21	19.8
Aplicação de GIFS	9	8.5
associação de culturas, sementes melhoradas	4	3.8
melhor distribuição de sementes	5	4.7
Gestão técnica	6	5.7
FAO	11	10.4
FAO, FEPACO	3	2.8
FAO, OMS	3	2.8
FAO, RESCU	2	1.9
FAO, RESCU, OFEPACO	2	1.9
FAO, VIFED	2	1.9
Integração das sementes, retirada de terras da produção	3	2.8
Pousios, integração de sementes melhoradas (FAO, SIDIP)	5	4.7
Sementes melhoradas, árvores fertilizantes (FAO, RESCU)	2	1.9
MSF, WHO, MCP, ACF	4	3.8
PAM, FAO	4	3.8
PAM, RED CROSS	3	2.8
Plantação de arbustos	2	1.9
sensibilização para as técnicas de conservação dos solos	3	2.8
Sensibilização para GIFS	6	5.7
SIDIPE	4	3.8
VIFEDE, FAO	2	1.9
Total	106	100.0

O Quadro 12 mostra que as estratégias implementadas pelas ONG agrícolas não têm sido eficazes na promoção de uma boa gestão da fertilidade dos solos. Este facto foi comprovado por 60 dos 106 inquiridos, ou seja, 56,6%. A ineficácia das estratégias das ONG justifica-se pelo facto de estas ONG funcionarem de forma irregular e não receberem apoio do governo congolês para o efeito. Quanto ao desejo de aumentar a produção e melhorar a fertilidade dos solos em MBIZA, a grande maioria dos nossos inquiridos manifestou o desejo de aumentar a produção agrícola e melhorar a gestão da fertilidade dos solos na sua zona. 72 pessoas das 106 inquiridas, ou seja, 69,9%, condenaram-no. Isto é justificado pelo facto de que deve contribuir para a segurança alimentar na área e aumentar os rendimentos dos agricultores.

Quadro 12. Confirmação da eficácia das estratégias das ONG e do desejo de inquéritos para aumentar a produção agrícola e melhorar a gestão dos solos em MBIZA.

Variáveis	Procedimento	Força de trabalho	Percentagens (%)
Confinamento I' efficacitedes Estratégias das ONG	Sem resposta NÃO SIM	21 60 25	19.8 56.6 23.6
Desejos para o aumento de produção agrícola e Melhorar a gestão da fertilidade do solo	Sem resposta NÃO SIM	21 13 72	19,8 12.3 67.9

Com base nos resultados da Tabela 13, verificamos que 34 pessoas em 106, ou seja, 32,2%, não fazem sugestões para uma boa gestão da fertilidade do solo, 27 pessoas em 106, ou seja, 25,5%, sugerem a sensibilização para novas técnicas de cultivo, 20 pessoas em 106, ou seja, 18,8%, sugerem a adoção de novas variedades de culturas e 16 inquéritos em 106, ou seja, 7,5% por resposta, sugerem a aplicação de ISFM para uma boa gestão da fertilidade do solo.

Quadro 13: Sugestões para uma boa gestão da fertilidade do solo

Propostas	Força de trabalho	Percentagem
Não	34	32,1
Adoção de novas variedades de culturas	20	18,8
Aplicação de GIFS	8	7.5
Deixar de cultivar nas encostas	1	0.9
Culturas anti-erosivas	2	1.9
Apoio técnico e financeiro aos agricultores	8	7,5
Respeitar o calendário agrícola	6	5.7
sensibilização para novas técnicas de cultivo	27	25.5
Total	**106**	**100.0**

MATRIZ DE CORRELAÇÃO

	O solo da sua zona está em boas	Como é que a infertilidad	Qual é o estado atual da	Qual é o rendiment o médio	Quais são as três principai	Qual é o rendiment o médio	Qual é o rendiment o médio	Como é que esta produção agrícola para as

	condiçõ es? infertilidade.	e do solo afecta o rendimento das culturas na sua região?	produção agrícola no estado infértil do solo para estas três culturas, em comparaçã o com o passado?	dos três Principais culturas cultivadas nos últimos 5 anos na sua área (Batata-doce)	s culturas no seu ambiente ?	das três principais culturas cultivadas nos últimos 5 anos na sua região (milho e mandioca) ?	das três principais culturas nos últimos 5 anos na sua zona (feijão)?	culturas afecta a sua vida socioeconómica ?
Coeff de corr pisos seu ambiente têm infertilidade	1.000	.008	.296"	.350"	.216*	.176	.115	-.088
Sig. (bilateral)?		.938	.002	.000	.027	.071	.239	.370
N	106	106	106	106	106	106	106	106
Como é que este Coeff de correl infertilite des influência do solo	.008	1.000	.166	.106	.191*	-.244*	-.038	.015
Sig. (bilateralmente) na rendimento de destas culturas no seu ambiente	.938		.088	.282	.049	.012	.700	.876
N	106	106	106	106	106	106	106	106
Coeficiente de correlação	.296"	.166	1.000	.348"	.115	.167	.153	-.049
O que é Γ etat Sig. (bilaterale) dela produção agrícola de	.002	.088		.000	.242	.088	.118	.619
N atualmente em Γ etat d'infertilité des sols pour ces trois cultures contrasts à celle d'avant	106	106	106	106	106	106	106	106
O que é o coeficiente de correlação de rendimento?	.350"	.106	.348**	1.000	.117	.147	.029	.093
(bilaterale) três culturas principais calos	.000	.282	.000		.232	.132	.764	.343
N nos últimos 5 anos na sua zona (Batata-doce)	106	106	106	106	106	106	106	106
Quais são os coeficientes de correlação para três	.216*	.191*	.115	.117	1.000	-.447"	.084	.042

culturas? Sig. principal (bilateral) no seu	.027	.049	.242	.232		.000	.394	.672
ambienteN	106	106	106	106	106	106	106	106
O que é o coeficiente de correlação de rendimento?	.176	-.244*	.167	.147	-.447"	1.000	.292"	-.144
(bilaterale) três culturas	.071	.012	.088	.132	.000		.002	.141
principais calos N nos últimos 5 anos em	106	106	106	106	106	106	106	106
o seu ambiente (Maiset mandioca)								
O que é o coeficiente de correlação de rendimento?	.115	-.038	.153	.029	.084	.292"	1.000	-.077
(bilaterale) três culturas	.239	.700	.118	.764	.394	.002		.434
principais calos N nos últimos 5 anos na sua zona (Feijões)	106	106	106	106	106	106	106	106
Como é que esta produção se correlaciona	-.088	.015	-.049	.093	.042	-.144	-.077	1.000
agrícola para as culturas de Sig. (bilaterale)	.370	.876	.619	.343	.672	.141	.434	
afetar N a sua vida socioeconómico ue	106	106	106	106	106	106	106	106

**. A correlação é significativa ao nível de 0,01 (bilateral).

*. A correlação é significativa ao nível de 0,05 (bilateral).

DISCUSSÃO DOS RESULTADOS

RESULTADO 1: Factores que contribuem para a infertilidade do solo no grupo KAGABI, particularmente na aldeia MBIZA.

Os resultados da nossa investigação mostraram que as principais causas deste problema nesta zona são, respetivamente, a falta de sementes melhoradas, referida por 28 pessoas em 106, ou seja, 26,4%, a não rotação de culturas, referida por 18 pessoas em 106 entrevistadas, ou seja, 17,0%, o não cumprimento da ISFM, referido por 16 pessoas em 106, ou seja, 15,1%, e a utilização de métodos tradicionais de fertilização do solo, referida por 16 pessoas em 106, ou seja, 15,1%.

A comparação dos nossos resultados com os de KASEREKA LUVAGO (2013) na sua dissertação sobre o "problema da infertilidade dos solos no território Mwenga: o caso do chefe Basile" revelou uma relação semelhante. Os resultados da sua investigação revelaram também que, nesta parte do território Mwenga, a infertilidade do solo é muito elevada devido a certos factores como a desflorestação, a propagação de actividades humanas que danificam o solo, como a agricultura itinerante sobre terras queimadas, a exploração mineira, a utilização de técnicas tradicionais, etc. A discrepância entre o nosso estudo e o da chefia Basile reside no facto de não ser possível determinar a extensão da infertilidade do solo na chefia Basile. A diferença entre o nosso estudo e o dele reside nos diferentes meios de estudo. Comparando os nossos resultados com os de LEBAILLY et al. (2017) quando afirmam que, apesar dos numerosos planos e programas de desenvolvimento agrícola formulados na RDC, e de a agricultura ter sido declarada muitas vezes a "prioridade das prioridades", não existe um conteúdo prático nem um orçamento correspondente; perante esta situação, a agricultura está a regredir a um ritmo considerável e os terrenos agrícolas estão sujeitos a uma degradação acelerada, conduzindo à infertilidade.

Lubero Gatumba J. (2015) demonstrou que o desconhecimento das técnicas de conservação do solo é um dos factores que impedem a população da sua área de estudo de aumentar a produção agrícola. Ela mostrou que a erosão e as más técnicas de cultivo degradam os solos, as colheitas tornam-se escassas e os alimentos insuficientes; todos estes problemas afectam aspectos da insuficiência de terras cultivadas.

Na mesma linha, NGALAMULUME G (2014) prevê que uma boa política de desenvolvimento rural deve fornecer os meios para enfrentar os desafios que se colocam ao mundo rural, tentando ao mesmo tempo explorar plenamente o seu potencial. Isto significa maximizar o esforço e a visão de um desenvolvimento rural global a favor das populações rurais pobres, melhorando o rendimento do trabalho da terra, promovendo as actividades não agrícolas e o sector privado, criando parceiros inovadores com o envolvimento e a participação de todos os intervenientes rurais a todos os níveis de ação, bem como uma intervenção setorial harmoniosa.

Em comparação com o estudo efectuado no Kivu Sul por BUCEKUDERHWA C; e MAPENDO S. (2007) no território de Kabare, notamos uma certa semelhança com os nossos resultados no que diz respeito às causas do problema da fertilidade do solo e à sua gestão, uma vez que estes autores chegaram à conclusão de que a agricultura em todos os territórios do Kivu Sul enfrenta vários problemas, incluindo a redução da produção agrícola, o aparecimento de novas doenças que provocam o desaparecimento de certas culturas-chave, o problema da insuficiência de terras aráveis e a infertilidade do solo, que é de 75%. A maioria da população da província do Kivu Sul vive abaixo do limiar de pobreza, com mais de 70% da população a viver com menos de um dólar por dia, mas a maioria desta população vive também em condições muito críticas, uma vez que as actividades agrícolas não são bem financiadas, existem desigualdades na distribuição da riqueza e do rendimento, as vias de acesso às explorações agrícolas são inadequadas, os solos estão degradados e a capacidade de controlo é reduzida. Mas a diferença está nos ambientes de estudo. Estes autores centraram a sua investigação em toda a província do Kivu Sul, ao contrário de nós, que nos concentrámos no grupo KAGABI, nomeadamente na aldeia de MBIZA.

RESULTADO 2: Impactos da infertilidade do solo na vida socioeconómica dos agricultores da aldeia de MBIZA ,

Para verificar a nossa segunda hipótese, os resultados de campo mostraram que a infertilidade do solo tem um impacto negativo nos rendimentos agrícolas na ALDEIA DE MBIZA, porque as culturas não podem crescer e adaptar-se melhor em solo infértil. 80 pessoas em 106 inquiridas, ou 75,5%, disseram isto. Outros inquiridos, 17 em 106 (16,0%), disseram que o solo infértil tem um impacto muito negativo no rendimento das culturas.

Neste contexto, a FAO (2015) salienta que a degradação do solo é uma ameaça real e crescente causada pela utilização insustentável das terras e por fenómenos meteorológicos extremos, que resultam de vários factores sociais, económicos e de governação.

A atual taxa de degradação dos solos ameaça a capacidade das gerações futuras de satisfazerem as suas necessidades, a menos que esta tendência seja invertida através de esforços concertados para alcançar uma gestão sustentável das terras. A ameaça aos solos põe em risco a sustentabilidade da agricultura, a segurança alimentar e a prestação de serviços ecossistémicos. Comparando os nossos resultados com os da investigação da FAO sobre os impactos da infertilidade do solo em todo o mundo, observamos semelhanças com os nossos resultados, mas a diferença é que nos concentrámos nos impactos da infertilidade do solo numa única região, enquanto a FAO generalizou esses impactos a todas as regiões do mundo.

Na mesma linha, a análise da degradação das terras agrícolas e do seu impacto na produção agrícola na cidade de Kiliba, no território de Uvira (KIFUVWE MAKI, 2013), mostrou que os rendimentos agrícolas em Kiliba permanecem baixos por enquanto, o que se explica pelo facto de 100% das suas amostras afirmarem que a sua produção se tornou baixa devido à infertilidade do solo, o que se explica pelo facto de 70% dos inquéritos afirmarem que o solo é menos fértil, sobretudo devido às más técnicas de cultivo em Kiliba.

A comparação dos nossos resultados com os de BUCEKUDERHWA C; e MAPENDO S. (2007), no seu estudo sobre as causas e consequências da infertilidade dos solos no território Kabare, revela uma semelhança entre os impactos negativos manifestados no nosso campo de estudo e os observados por estes autores no território Kabare. Os nossos inquéritos mostraram que a infertilidade dos solos tem um impacto negativo sobre os rendimentos agrícolas no grupo KAGABI, particularmente na aldeia MBIZA, porque as culturas não podem crescer e adaptar-se melhor em solos inférteis, em 75,5%, e BUCEKUDERHWA C ; e MAPENDO revelaram que a degradação dos solos está na origem de uma baixa considerável dos rendimentos no território Kabare porque as terras são sobreexploradas, as actividades agrícolas não são bem financiadas, há desigualdade na distribuição da riqueza e dos rendimentos e as vias de acesso às explorações são insuficientes.

RESULTADO 3: Estratégias a implementar para uma boa gestão da fertilidade dos solos e para o aumento da produção agrícola em MBIZA

Os resultados mostraram que 27 pessoas em 106 (25,5%) sugeriram a sensibilização para novas técnicas de cultivo, 20 pessoas em 106 (18,8%) sugeriram a adoção de novas variedades de culturas e 16 pessoas em 106 (7,5% por resposta) sugeriram a aplicação de ISFM para uma boa gestão da fertilidade do solo.

Comparando os nossos resultados com os de TOLLENSE, há uma semelhança no sentido em que este autor propõe que, para aumentar a produção agrícola, devemos relançar e reforçar os serviços públicos de apoio à agricultura que o sector privado não pode ou não quer prestar, ou seja investigação agrícola; extensão e informação agrícola; caminhos agrícolas; sementes e fertilizantes; crédito agrícola, reforço das organizações de agricultores e estruturação do mundo rural; formação agrícola; segurança fundiária e concertação com os serviços provinciais de agricultura. Os nossos inquéritos apresentam também uma série de recomendações para o aumento da produção agrícola em MBIZA, que coincidem com as de TOLLENSE

1. MATRIZ DE ANÁLISE ESTRATÉGICA (PIPO)

A. ANÁLISE DO PROBLEMA (ÁRVORE DE PROBLEMAS)

A análise de problemas consiste, antes de mais, em estabelecer as relações de causa e efeito dos estados negativos de uma situação existente. De facto, "a análise dos problemas identificados neste trabalho foi feita sob a forma de uma árvore de problemas", cujo tronco constitui o problema central, os ramos e sub-ramos os efeitos e, finalmente, as raízes as causas da infertilidade dos solos agrícolas do grupo KAGABI e de MBIZA em particular.

Figura 1. Árvore de problemas

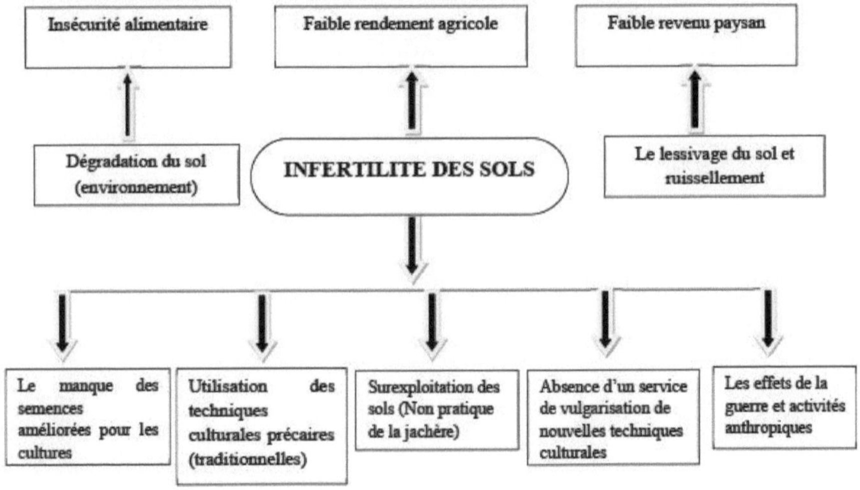

Insegurança alimentar

Baixo rendimento agrícola Baixo rendimento dos agricultores

Degradação dos solos (ambiente)

INFERTILIDADE DO SOLO

Lixiviação do solo e escoamento superficial

Falta de sementes melhoradas para as culturas

Utilização de técnicas de cultivo precárias (tradicionais)

Sobre-exploração do solo (não pousio)

Falta de um serviço de extensão para novas técnicas de cultivo

Os efeitos da guerra e da atividade humana

Figura 2. ÁRVORE DE SOLUÇÕES

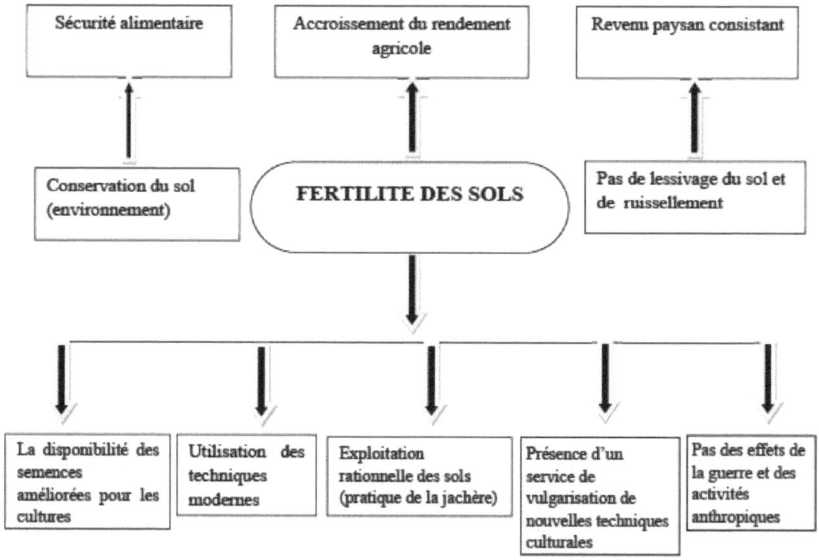

Segurança alimentar
Aumento do rendimento agrícola
Rendimento agrícola consistente
Conservação dos solos (ambiente)
FERTILIDADE DO SOLO
Sem lixiviação do solo ou escoamento
Disponibilidade de sementes melhoradas para as culturas
Utilização de técnicas modernas
Utilização racional do solo (pousio)
Presença de um serviço de extensão para novas técnicas de cultivo
Não os efeitos da guerra e da atividade humana

Figura 3: Diagrama de análise da estratégia

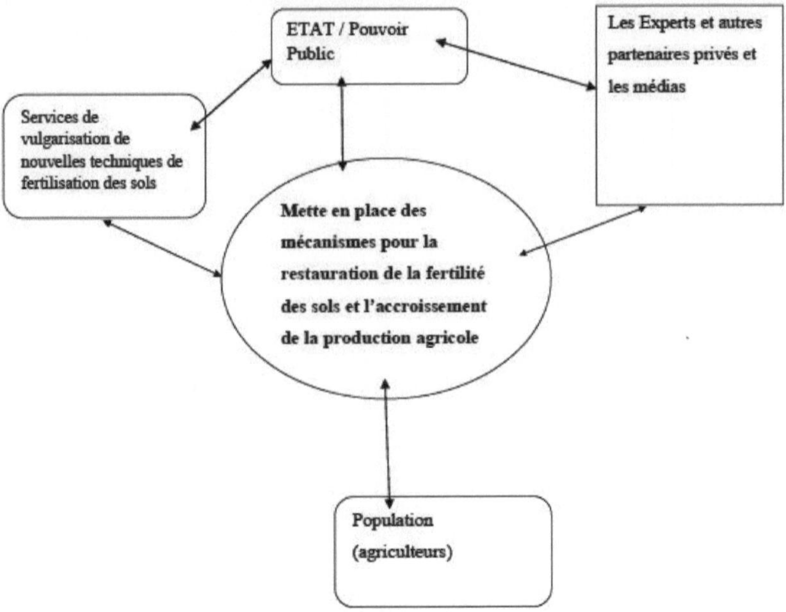

ESTADO / Autoridade pública
Peritos, outros parceiros privados e meios de comunicação social
Criar mecanismos para restaurar a fertilidade dos solos e aumentar a produção agrícola
Serviços de extensão para novas técnicas de fertilização do solo
População (agricultores)

Este diagrama ilustra a interação entre os diferentes actores que trabalharão em conjunto para resolver o problema da fertilidade dos solos e da sua gestão na produção agrícola. No total, 5 actores estão envolvidos no sucesso desta estratégia, nomeadamente o governo congolês, os peritos, outros parceiros privados e os meios de comunicação social, o serviço de extensão para novas técnicas de fertilização dos solos e o público em geral.

CONCLUSÃO GERAL

Realizámos uma pesquisa sobre o "problema da infertilidade dos solos e a sua gestão na produção agrícola no grupo KAGABI: o caso da aldeia MBIZA". Verificou-se que o problema da infertilidade dos solos é mais grave nesta zona, uma vez que a situação edáfica não garante uma boa gestão da fertilidade dos solos e, sobretudo, que as técnicas de cultivo utilizadas são ainda tradicionais.

Para realizar este trabalho, utilizámos dois materiais principais: os questionários do inquérito e o computador.

Utilizámos uma série de métodos e técnicas para recolher os dados de base, incluindo o método analítico, o questionário do inquérito, documentação, entrevistas e observação participante.

No final das nossas investigações no terreno, chegámos aos seguintes resultados, que confirmaram as nossas hipóteses:

- Os resultados da nossa investigação mostraram que as principais causas deste problema nesta zona são, respetivamente, a falta de sementes melhoradas, referida por 28 pessoas em 106, ou seja, 26,4%, a não rotação de culturas, referida por 18 pessoas em 106 entrevistadas, ou seja, 17,0%, o não cumprimento da ISFM, referido por 16 pessoas em 106, ou seja, 15,1%, e a utilização de métodos tradicionais de fertilização do solo, referida por 16 pessoas em 106, ou seja, 15,1%.
- Os resultados de campo mostraram que o solo infértil tem um impacto negativo no rendimento agrícola na aldeia de MBIZA, porque as culturas não podem crescer e adaptar-se melhor em solo infértil. 80 pessoas em 106 inquiridas, ou 75,5%, disseram isto. Outros inquiridos, 17 em 106 (16,0%), disseram que o solo infértil tinha um impacto muito negativo no rendimento das culturas.
- Os resultados mostraram que 27 pessoas em 106 (25,5%) sugeriram a sensibilização para novas técnicas de cultivo, 20 pessoas em 106 (18,8%) sugeriram a adoção de novas variedades de culturas e 16 pessoas em 106 (7,5% por resposta) sugeriram a aplicação de ISFM para uma boa gestão da fertilidade do solo.

RECOMENDAÇÕES

- Que o governo congolês se encarregue dos centros de investigação agrícola e de segurança alimentar para permitir a certificação das sementes e a extensão agrícola, bem como o reforço das capacidades dos camponeses.
- As ONG que trabalham no sector agrícola devem reforçar o seu apoio financeiro ao sector agrícola na província de SUD-KIVU, a fim de revitalizar a agricultura;
- O Ministério da Agricultura e as ONG devem organizar programas de formação para os agricultores sobre técnicas modernas de cultivo e boa gestão dos solos;
- Os factores de produção melhorados devem estar disponíveis em quantidades suficientes para beneficiar os agricultores da SU-KIVU;

BIBLIOGRAFIA

A. OBRAS

1. DETRAUX F. e OESTGES, " le *travail du sol et la stabilite de leur* productivite ", edição Vaunbhen, Suede, 2004.
2. FOSTING, La gestion de la fertilite des sols, principes et pistes, ed. Lavauve, Berna, 2002.
3. SEBILLOTTE, *la fertilite des sols a l'horizon 2025 : Quel remede ?* Persee, Paris, 2010.
4. SINGINGA e VERGHEN, *la theorie de Gestion Integree de la fertilite des sols (GIFS)*, edition st Laurent, suisse, 2016.
5. TESSIER e ALEX V., Le sol, *une composante essentielle de l'environnement a mieux gerer*: Persee, Paris, 2002.
6. VILAIN; *Rdle agronomique des sols agricoles,* Harmattan, Paris, 2009.

B. RELATÓRIOS, ANÁLISES E ARTIGOS

7. FAO, *relatório sobre a degradação do solo nas regiões do mundo*, Roma, 2015.
8. IITA; Relatório sintético sobre a situação da desertificação de terras cultiváveis na RDC, Cairo, 2012.
9. LEBAILLY e MPUNGWE, *Plans et programmes de développement agricole en RDC : analyse critique*, artigo, Loyola, Kinshasa, 2017.
10. BUCEKUDERHWA C; e MAPENDO S., *etude sur la problematique de la baisse de production agricole et ses effets dans le territoire de Kabare,* artigo, 2007.

C. DISSERTAÇÕES E TESES

11 KASEREKA LUVAGO "problematique de l'infertilite du sol dans le territoire de Mwenga : Cas de la chefferie de Basile", dissertação, não publicada, ISDR/ BUKAVU, 2013.

12 . KIFUVWE MAKI, Etat des lieux sur les rendements agricoles a Kiliba et la situation socio-economique des menages, dissertação não publicada, ISDR/ BUKAVU, 2013.

13 LUBERO GATUMBA, *Analyse des facteurs de l'infertilite des sols dans la chefferie des Bahunde en territoire de Masisi* ; memoire inedit, ISDR Grands Lacs/Goma, 2015.

14 COOKE, *soil degradation and poverty in Africa,* artigo, Abidjan, 2009.

Collecte des données

Source: BAYONGWA BASHIZI David

Recolha de dados
Fonte: BAYONGWA BASHIZI David

MIX
Papier aus verantwortungsvollen Quellen
Paper from responsible sources
FSC® C105338

Printed by Books on Demand GmbH, Norderstedt / Germany